大数据应用人才培养系列教材

数据标注工程

总主编　刘　鹏　张　燕

主　编　刘　鹏

清华大学出版社

北　京

内 容 简 介

本书是由中国大数据应用联盟人工智能专家委员会主任刘鹏教授主编的一本系统学习数据标注技术的教材。本书使用浅显易懂的语言,系统地介绍了数据标注的基本概念、分类、流程、质量检验、管理和应用等。通过理论与实战相结合的方式,帮助读者由浅入深进行学习,从而真正掌握数据标注的核心技术、实施和管理方法。本书既可以作为培养应用型人才的课程教材,也适用于初学者,以及广大的数据标注行业从业者。数据标注行业正迅速成长,目前正缺乏一本权威教材,希望本书能够填补这个空白。

图书在版编目(CIP)数据

数据标注工程 / 刘鹏主编. —北京:清华大学出版社,2019(2022.5 重印)
(大数据应用人才培养系列教材)
ISBN 978-7-302-52844-9

I. ①数⋯ II. ①刘⋯ III. ①数据处理-教材 IV. ① TP274

中国版本图书馆 CIP 数据核字(2019)第 082682 号

责任编辑:贾小红
封面设计:刘 超
版式设计:王凤杰
责任校对:马军令
责任印制:朱雨萌

出版发行:清华大学出版社
    网 址:http://www.tup.com.cn,http://www.wqbook.com
    地 址:北京清华大学学研大厦 A 座   邮 编:100084
    社 总 机:010-83470000   邮 购:010-62786544
    投稿与读者服务:010-62776969,c-service@tup.tsinghua.edu.cn
    质 量 反 馈:010-62772015,zhiliang@tup.tsinghua.edu.cn
印 装 者:三河市龙大印装有限公司
经 销:全国新华书店
开 本:185mm×260mm   印 张:9   字 数:152 千字
版 次:2019 年 6 月第 1 版   印 次:2022 年 5 月第 7 次印刷
定 价:46.00 元

产品编号:082269-01

编写委员会

总主编　刘　鹏　张　燕
主　编　刘　鹏
编　委　张　燕　梁　南　武郑浩　李燕祥

总　序

　　短短几年间，大数据就以一日千里的发展速度快速实现了从概念到落地，直接带动了相关产业的井喷式发展。数据采集、数据存储、数据挖掘、数据分析等大数据技术在越来越多的行业中得到应用，随之而来的就是大数据人才缺口问题的凸显。根据《人民日报》的报道，未来 3 ~ 5 年，中国需要 180 万名数据人才，但目前只有约 30 万人，人才缺口达到 150 万名之多。

　　大数据是一门实践性很强的学科，在其呈现金字塔型的人才资源模型中，数据科学家居于塔尖位置，然而该领域对于经验丰富的数据科学家需求相对有限，反而是对大数据底层设计、数据清洗、数据挖掘及大数据安全等相关人才的需求急剧上升，可以说占据了大数据人才需求的 80% 以上。比如数据清洗、数据挖掘等相关职位，需要源源不断的大量专业人才。

　　巨大的人才需求直接催热了相应的大数据应用专业。2018 年 1 月 18 日，教育部公布"大数据技术与应用"专业备案和审批结果，已有 270 所高职院校申报开设"大数据技术与应用"专业，其中共有 208 所职业院校获批"大数据技术与应用"专业。随着大数据的深入发展，未来几年申请与获批该专业的职业院校数量仍将持续走高。同时，对于国家教育部正式设立的"数据科学与大数据技术"本科新专业，在已获批的 35 所大学之外，2017 年申请院校也高达 263 所。

　　即使如此，就目前而言，在大数据人才培养和大数据课程建设方面，大部分专科院校仍然处于起步阶段，需要探索的问题还有很多。首先，大数据是个新生事物，懂大数据的老师少之又少，院校缺"人"；其次，院校尚未形成完善的大数据人才培养和课程体系，缺乏"机制"；再次，大数据实验需要为每位学生提供集群计算机，院校缺"机器"；最后，院校没有海量数据，开展大数据教学实验工作缺少"原材料"。

　　对于注重实操的"大数据技术与应用"专业专科建设而言，需要重点面向网络爬虫、大数据分析、大数据开发、大数据可视化、大数据运维工程师的工作岗位，帮助学生掌握大数据技术与应用专业必备知识，使其具备大数据采集、存储、清洗、分析、开发及系统维护的专业能力和技能，成为能够服务区域经济的发展型、创新型或复合型技术技能人才。无论是缺"人"、缺"机制"、缺"机器"，还是缺少"原材料"，最终都难以培养出合格的大数据人才。

其实，早在网格计算和云计算兴起时，我国科技工作者就曾遇到过类似的挑战，我有幸参与了这些问题的解决过程。为了解决网格计算问题，我在清华大学读博期间，于2001年创办了中国网格信息中转站网站，每天花几个小时收集和分享有价值的资料给学术界，此后我也多次筹办和主持全国性的网格计算学术会议，进行信息传递与知识分享。2002年，我与其他专家合作的《网格计算》教材正式面世。

2008年，当云计算开始萌芽之时，我创办了中国云计算网站（在各大搜索引擎"云计算"关键词中排名第一），2010年出版了《云计算》，2011年出版了《云计算》（第2版），2015年出版了《云计算》（第3版），每一版都花费了大量成本制作并免费分享了对应的几十个教学PPT。目前，这些PPT的下载总量达到了几百万次之多。同时，《云计算》一书也成为国内高校的优秀教材，在中国知网公布的高被引图书名单中，《云计算》在自动化和计算机领域排名全国第一。

除了资料分享，在2010年，我们也在南京组织了全国高校云计算师资培训班，培养了国内第一批云计算老师，并通过与华为、中兴和360等知名企业合作，输出云计算技术，培养云计算研发人才。这些工作获得了大家的认可与好评，此后我接连担任了工信部云计算研究中心专家、中国云计算专家委员会云存储组组长、中国大数据应用联盟人工智能专家委员会主任等。

近几年，面对日益突出的大数据发展难题，我们也正在尝试使用此前类似的办法去应对这些挑战。为了解决大数据技术资料缺乏和交流不够通透的问题，我们于2013年创办了中国大数据网站（thebigdata.cn），投入大量的人力进行日常维护，该网站目前已经在各大搜索引擎的"大数据"关键词排名中位居第一；为了解决大数据师资匮乏的问题，我们面向全国院校陆续举办多期大数据师资培训班，致力于解决"缺人"的问题。

2016 年年末至今，我们在南京多次举办全国高校 / 高职 / 中职大数据免费培训班，基于《大数据》《大数据实验手册》以及云创大数据提供的大数据实验平台，帮助到场老师们跑通了 Hadoop、Spark 等多个大数据实验，使他们跨过了"从理论到实践，从知道到用过"的门槛。

其中，为了解决大数据实验难的问题而开发的大数据实验平台，正在为越来越多高校的教学科研带去方便，帮助解决"缺机器"与"缺原材料"的问题：2016 年，我带领云创大数据（股票代码：835305）的科研人员，应用 Docker 容器技术，成功开发了 BDRack 大数据实验一体机，它打破虚拟化技术的性能瓶颈，可以为每一位参加实验的人员虚拟出 Hadoop 集群、Spark 集群、Storm 集群等，自带实验所需数据，并准备了详细的实验手册（包含 42 个大数据实验）、PPT 和实验过程视频，可以开展大数据管理、大数据挖掘等各类实验，并可进行精确营销、信用分析等多种实战演练。

目前，大数据实验平台已经在郑州大学、成都理工大学、金陵科技学院、天津农学院、西京学院、郑州升达经贸管理学院、信阳师范学院、镇江高等职业技术学校等多所院校部署应用，并广受校方好评。该平台也以云服务的方式在线提供（大数据实验平台，https://bd.cstor.cn），实验更是增至 85 个，师生通过自学，可用一个月时间成为大数据实验动手的高手。此外，面对席卷而来的人工智能浪潮，我们团队推出的 AIRack 人工智能实验平台、DeepRack 深度学习一体机以及 dServer 人工智能服务器等系列应用，一举解决了人工智能实验环境搭建困难、缺乏实验指导与实验数据等问题，目前已经在清华大学、南京大学、南京农业大学、西安科技大学等高校投入使用。

在大数据教学中，本科院校的实践教学应更加系统性，偏向新技术的应用，且对工程实践能力要求更高。而高职高专院校则更偏向于技术性和技能训练，理论以够用为主，学生将主要从事数据清洗和运维方面的工作。基于此，我们联合多家高职院校专家准备了《云计算导论》《大数据导论》《数据挖掘基础》《R 语言》《数据清洗》《大数据系统运维》《大数据实践》系列教材，帮助解决"机制"欠缺的问题。

此外，我们也将继续在中国大数据和中国云计算等网站免费提供配套PPT和其他资料。同时，持续开放大数据实验平台、免费的物联网大数据托管平台万物云和环境大数据免费分享平台环境云，使资源与数据随手可得，让大数据学习变得更加轻松。

在此，特别感谢我的硕士导师谢希仁教授和博士导师李三立院士。谢希仁教授所著的《计算机网络》已经更新到第7版，与时俱进日臻完美，时时提醒学生要以这样的标准来写书。李三立院士是留苏博士，为我国计算机事业做出了杰出贡献，曾任国家攀登计划项目首席科学家，他治学严谨，带出了一大批杰出的学生。

本丛书是集体智慧的结晶，在此谨向付出辛勤劳动的各位作者致敬！书中难免会有不当之处，请读者不吝赐教。

刘 鹏
于南京大数据研究院
2018 年 5 月

前　言

"有多少智能，就有多少人工"。随着人工智能技术突飞猛进地发展，数据标注行业也随之异军突起。经过短短几年的发展，我国专职从事数据标注行业的人员已经突破 20 万，兼职人员的数量突破 100 万。在未来 5 年，专职数据标注工程师的缺口将高达 100 万。人工智能行业巨头纷纷寻找专业的数据标注工程师，但目前接受过系统培训的数据标注工程师少之又少。

早期的数据标注工作是由专门研究人工智能算法的工程师进行小规模的数据标注，但在人工智能第三次浪潮之下，小规模的数据标注已经不能满足人工智能的发展需求，所以在 2011 年开始出现专门从事数据标注工作的团队，并且慢慢形成了数据标注行业。从 2017 年开始，人工智能的应用开始呈爆炸式增长，大规模的数据标注需求涌入，让数据标注行业迎来真正的爆发，正式进入人们的视野。

在快速膨胀的需求与国家扶持政策的推动下，全国高职、中职院校纷纷启动数据标注应用型人才培养计划。然而，数据标注专业建设却面临重重困难。首先，数据标注是一个新生事物，懂数据标注的教师少之又少，院校缺"人"；其次，尚未形成完善的数据标注人才培养和课程体系，院校缺"机制"；最后，院校没有数据标注项目，开展数据标注教学实践工作缺"原材料"。

为了能够更系统地培养数据标注工程师，我们的团队经过大量的市场考察与调研，深入了解数据标注行业，对数据标注各个环节进行调查整理，推出了这本教材。本书先从数据标注基本概念开始，介绍数据标注的前世今生以及发展趋势，然后系统地梳理了数据标注分类及数据标注流程，再对数据标注质量检验和数据标注管理进行详细介绍，最后分析学习热门行业数据标注应用，对四大重点行业进行数据标注实战。本书致力于将理论与实践结合在一起，让读者真正掌握数据标注的核心技术。

本书是集体智慧的结晶，在此谨向付出辛勤劳动的各位作者致敬！书中难免会有不当之处，请读者不吝赐教。我的邮箱：gloud@126.com，微信公众号：刘鹏看未来（lpoutlook）。

刘鹏　教授

于南京大数据研究院

2019 年 1 月 1 日

目　录

第 1 章

数据标注概述

无人驾驶、人脸识别、语音交互……在人工智能（Artificial Intelligence，AI）第三次浪潮之下，在计算力、算法与数据的合力推动下，人工智能技术的突破与行业落地如雨后春笋，焕发源源不断的生机。尤为令人瞩目的是，在灼热的人工智能发展背后，为其发展提供数据燃料的数据标注正在成为一门新兴产业。

1.1 数据标注的起源与发展

由于数据标注与人工智能相伴相生，在研究数据标注的同时，首先需要对人工智能追本溯源。人工智能的概念最早由约翰·麦卡锡于 1956 年达特茅斯会议上提出，意指让机器具有像人一般的智能行为。

在其提出以来的 60 多年中，人工智能的发展并非坦途，而是经历了沉沉浮浮、三起三落。人工智能在达特茅斯会议上经过了两个多月的讨论，并在会后推出了第一款聊天软件，让人直呼"人工智能来了"，并掀起了此后为期 20 年的第一次人工智能浪潮。

当时主要以注重演算与推理的符号主义以及深度学习的"前身"——连接主义为代表。对于此次人工智能的兴起，专家学者尤为看好，甚至指出，未来十年机器人就能够超越人类了。然而，就在大家期盼人工智能春天到来之际，在 20 世纪 70 年代后期，人们却逐渐发现过去的理论与模型只能用于解决一些简单的问题，同时运算能力不足，人工智能的第一次浪潮偃旗息鼓，迎来了突如其来的冬天。

此后，经过短暂的消沉后，随着 20 世纪 80 年代两层神经元网络（BP 网络）的兴起，人工智能开始焕发出新的生机，迎来了第二次发展浪潮。其间，语音识别、语音翻译以及感知机模式成了典型代表。然而，这些现在看来再寻常不过的应用，彼时离人们的实际生活仍然较为遥远，人工智能也随之进入了第二次沉寂的低潮，人工智能发展历史如图 1-1 所示。

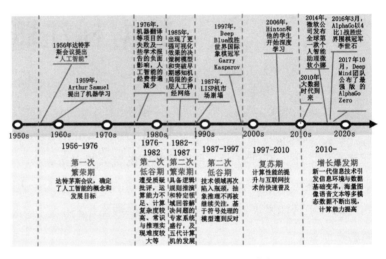

图 1-1 人工智能发展历史[1]

人工智能的第三次浪潮始于 Deep Blue（IBM 深蓝）的出现，其在 1997 年战胜了国际象棋冠军，而 2006 年"神经网络之父"Geoffrey Hinton 提出的深度学习技术进一步助推人工智能的发展，该技术于 2010 年大火，直接带动了人工智能的真正爆发，使其成了商界、创投界炙手可热的新星，并发展至今。不难预见，未来人工智能将实现由弱人工智能发展到强人工智能，直至超人工智能的高度。

纵览人工智能的发展脉络，在前两次发展浪潮中，人工智能发展起起伏伏，偶有爆发，却未能真正深入人们的生活。因此，当时由于量级比较小，为人工智能提供"喂养数据"的数据标注主要由研究的工程师完成，并不能称之为独立的职业。近年来，随着人工智能第三次浪潮的到来，数据标注的需求应接不暇，2011 年数据标注的外包市场开启，2017 年真正爆发，数据标注开始慢慢进入人们的视野。

1.1.1 什么是数据标注

2016 年，人工智能程序阿尔法围棋（AlphaGo）在与世界顶尖棋手的对决中奉上了令人惊艳的战绩，可谓是一战成名。此后横空出世的阿尔法零（AlphaGo Zero）作为 AlphaGo 的最新版本，自学 3 天，以 100：0 的成绩完胜此前击败李世石的 AlphaGo 版本；自学 40 天，以 89：11 的绝对优势击败阿尔法狗 Master（大师）版不同 AlphaGo 版本的棋力比较如图 1-2 所示。

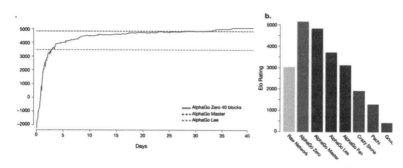

图 1-2 不同 AlphaGo 版本的棋力比较[2]

当我们感慨其成长速度时，也不能否定最初的 AlphaGo 也犹如出生的婴儿一般，对下棋一窍不通，其之所以能够快速升级成为棋坛高手，这与人类"喂养"的棋谱与数据相关，换言之，正是人类像教育小孩一样培养了 AlphaGo，才让其"学会"下棋。

举个简单的例子，当我们告诉孩子——"这是一辆汽车"，并把对应的图片展示在孩子面前，帮助他记住拥有四个轮子，可以有不同颜色的这种日常交通工具，当孩子下次在大街上遇到飞奔的汽车时，也能直呼"汽车"。

类比机器学习，如果准备让机器习得同样的认知能力，我们也需要帮助机器识得相应特征，两者不同点在于，对于人类来说，往往告诉他一次就能记住，下次遇到就能准确辨别；对于机器来说，需要我们提取有关汽车的特征，"喂"给他们大量带有汽车特征的图片，使其通过训练集反复学习，并通过测试集进行检查与巩固，最终准确识别汽车，而这些带有汽车特征的图片正是出自数据标注工程师。

简而言之，数据标注即通过分类、画框、标注、注释等，对图片、语音、文本等数据进行处理，标记对象的特征，以作为机器学习的基础素材。由于机器学习需要反复学习以训练模型和提高精度，同时无人驾驶、智慧医疗、语音交互等各大应用场景都需要标注数据，因此标注工程师应运而生。据不完全统计，目前我国全职数据标注员至少 20 万，兼职标注员甚至达到 100 万名之多。

1.1.2　数据标注分类概述

对于数据标注，按照不同的分类标准，可以有不同划分。现在，我们以标注对象作为分类基础，将数据标注细化为图像标注、语音标注以及文本标注。

1．图像标注

提及数据标注，大多数人第一反应就是图像标注。图像标注在人工智能与各行各业应用相结合的研究过程中扮演着重要的角色：通过对路况图片中的汽车和行人进行筛选、分类、标框等，可以提高安防摄像头以及无人驾驶的识别能力（如图 1-3 所示）；通过对医疗影像中的骨骼进行描点，特别是对病理切片进行标注分析，能够帮助 AI 提前预测各种疾病。

图 1-3　图像标注[3]

2．语音标注

目前，在人工智能研究中，语音应答交互系统是一个重要分支，其中聊天机器人人气颇高，苹果 Siri、小米的小爱同学等已经成为深入日常生活的重要应用。在此类虚拟助理的研发过程中，基于语音识别、声纹识别、语音合成等建模与测试需要，需要对数据进行发音人角色标注、环境情景标注、多语种标注、ToBI（Tones and Break Indices）韵律标注体系标注、噪声标注等，如图 1-4 所示。

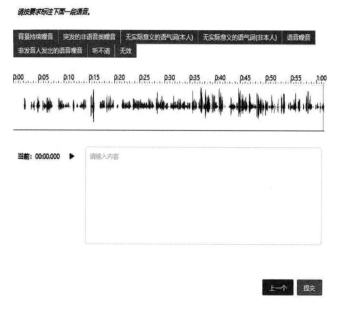

图 1-4　语音标注

3．文本标注

自然语言处理是人工智能的分支学科，为了满足自然语言处理不同层次的需要，对于文本数据进行标注处理是关键环节。具体而言，通过语句分词标注、语义判定标注、文本翻译标注、情感色彩标注、拼音标注、多音字标注、数字符号标注等，可提供高准确率的文本语料，如图 1-5 所示。

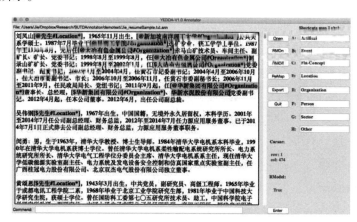

图 1-5　文本标注

1.1.3 数据标注流程概述

数据标注的质量直接关系到模型训练的优劣程度，因此要为数据标注建立一套既定的数据标注流程，对图像、语音、文本等进行有序而有效的标注，如图1-6所示。

图1-6 数据标注流程

1. 数据采集

数据采集与获取是整个数据标注流程的首要环节。目前对于数据标注众包平台而言，其数据主要源于提出标注需求的人工智能企业。对于这些人工智能企业，他们的数据又来自哪儿呢？比较常见的是通过互联网获取公开数据集与专业数据集。公开数据集是政府、科研机构等对外开放的资源，获取比较简便，而专业数据集往往更耗费人力物力，有时需通过购买所得，或者通过拍摄、截屏等自主整理所得。此外，对于Google等科技巨头而言，其存在本身就是一个巨大的数据资源库。

至于具体的数据获取方式，既可以通过内部数据库，以SQL技能去完成数据提取等数据库管理工作，也可下载获取政府、科研机构、企业开放的公开数据集。此外，还可编写网页爬虫，收集互联网上多种多样的数据，例如爬取知乎、豆瓣、网易等相关数据。

值得一提的是，在进行数据采集时，不仅需要考虑采集规模与预算，同时也应注重采集数据的多样性以及是否适用于应用场景。再者，数据采集应该合法合理，通过正当的方式获取，不能侵犯个人隐私以及肖像权等个人权利，这是数据采集的前提。

2. 数据清洗

在获取数据后，并不是每一条数据都能够直接使用，有些数据是不完整、不一致、有噪声的脏数据，需要通过数据预处理，才能真正投入问题的分析研究中。在预处理的过程中，旨在于把脏数据"洗掉"的数据清洗是重要的一环。

特别是对于一些爬虫数据以及视频监控数据，在数据清洗中，应对所有采集的数据进行筛检，去掉重复的、无关的内容，对于异常值与缺失值进行查漏补缺，同时平滑噪声数据，最大限度纠正数据的不一致性和不完整性，将数据统一成适合于标注且与主体密切相关的标准格式，以帮助训练更为精确的数据模型和算法。

3．数据标注

数据经过清洗，即可进入数据标注的核心环节。一般在正式标注前，会由需求方的算法工程师给出标注样板，并为具体标注人员详细阐述标注需求与标注规则，经过充分讨论与沟通，以保证最终数据输出的方式、格式以及质量一步到位，这也被称为试标过程。

试标后，标注工程师将按照此前沟通确认的要求进行数据标注，通过对图像、视频、语音、文本等素材进行细致的分类、标框、描点等操作，打上不同的标签，以满足不同的人工智能应用需要。

4．数据质检

无论是数据采集、数据清洗，还是数据标注，通过人工处理数据的方式并不能保证完全准确。为了提高输出数据的准确率，数据质检成为重要一环，而最终通过质检环节的数据才算是真正过关。

对于具体质检而言，可以通过排查或抽查的方式。检查时，一般设有多名专职的审核员，对数据质量进行层层把关，一旦发现提交的数据不合格，将直接交由数据标注人员返工，直至最终通过审核为止。

1.2　数据标注的应用场景

无论是全职还是兼职，数据标注人员的数量之所以屡创新高，主要归因于呈现指数级增长的人工智能，以及随之而来的日趋多样化的数据标注应用场景。

1.2.1　出行行业

对于出行行业而言，数据标注除了用于汽车自动驾驶研发之外，结合物联网数据、交通网络大数据以及车载应用技术，同时能够进一步帮助规划出行路线，优化驾驶环境。数据标注常见的应用有：以矩形框或描点对车辆进行标注；以矩形框或描点标注人体轮廓；采集地址兴趣点，在地图上做出相应地理位置信息标记的 POI（Point of Interest）标记等。

例如，在自动驾驶领域，Scale 公司目前通过提供图像标注、图像转录、分类、比较和数据收集的 API，以目标识别来标注数据集。具体而言，在传感器与 API 的融合应用下，通过对相机、激光雷达和 Radar 数据进行标记，对周围环境状况，包括汽车与其他物体的距离、移动速度等进行标注，生成可用于训练 3D 感知模型的标注数据[4]。

1.2.2　金融行业

目前，人工智能的触角逐渐蔓延至金融领域。无论是身份验证、智能投资顾问，还是风险管理、欺诈检测等，以高质量的标注数据提高金融机构的执行效率与准确率，已经成为一大趋势。其中，文字翻译、语义分析、语音转录、图像标注等，都是具有代表性的重要应用。

一直以来，对于金融合同而言，往往需要花费律师或贷款人员大量时间进行核对与确认，而通过经语义分析处理后的数据训练，摩根大通开发了一款合同研发软件，原来需要 36 万个小时完成的合同审查工作，这一AI 软件通过数秒即可完成检查，而且错误率大大降低。

1.2.3　医疗行业

在医疗行业，通过人体标框、3D 画框、骨骼点标记、病历转录等应用，机器学习能够快速完成医学编码和注释，以及在远程医疗、医疗机器人、医疗影像、药物挖掘等场景的应用，助力于提供更高效的诊断与治疗，制订更为健全的医疗保险计划。

例如，为了训练 AI 筛查疾病的能力，首先需要对医疗影像数据进行处理，对病理切片进行分类和标注，以画框或描点的方式，将不同区域区别开来，并标注不同颜色以区分等级，为 AI 训练提供大量数据燃料。通过这种方式，云创大数据以深度学习预测前列腺癌的准确率已经达到99.38%（在二分类下）。

1.2.4　家居行业

智能家居在全球范围内呈现出强劲的发展势头，不仅基于日渐丰富的家居场景，日趋成熟的物联网技术，同时也离不开向前推进的图像识别、自然语言处理等技术。在助力智能家居发展中，数据标注主要包括应用矩形框标记人脸，进行人脸精细分割；对家居物品进行画框标记；通过描点的方式进行区域划分；采集语音并进行标注处理等。

在智能家居应用中，对于训练"懂"人类的智能对话机器人，需要大量语料库支持训练，例如康奈尔电影对话语料库、Ubuntu 语料库和微软的社交媒体对话语料库[5]等都是比较常见的数据集，通过对以上数据进行标注处理，即可以逐渐提升机器人回复的智能程度。

1.2.5　安防行业

目前，智能安防发展如火如荼。为了进一步提升安防应用的适用性，提高数据处理的速度与效率，推动安防从被动防御向主动预警发展，对数据标注的需求与日俱增。其中，人脸标注、视频分割、语音采集、行人标注等都是重要的数据标注应用。

在智能安防不断推进的过程中，生物识别技术已经越来越成熟，在日常监控、出入境管理、刑事案件侦查中都有着广泛应用。其中，对于数据标注人员而言，需要做的正是对训练图片中人物的性别、年龄、肤色、表情、头发以及是否戴帽戴眼镜[6]等进行分类标注，或者对行人做标框处理，帮助机器获取快速识别能力。目前，天网系统应用动态人脸识别技术，不仅 1 : 1 识别准确率能够达到 99.8% 以上，同时可实现每秒比对 30 亿次，花 1 秒钟就能将全国人口"筛"一遍，花 2 秒钟便能将世界人口"筛"一遍[7]。

1.2.6　公共服务

对各种服务数据进行人工智能处理是提高公共服务水平与效率的题中应有之义。在这个过程中，确定内容是否符合描述的内容审核，对具有相同意思的语句进行归类的语义分析、将音频转化为文字的语音转录，以及查看视频是否符合要求的视频审核等都是数据标注中的常见应用。

对于内容审核而言，在人工智能技术的推动下，审核主体逐渐由人转变为机器，以帮助节约人力成本，目前国内多个内容运营平台已经把部分审核工作交由机器完成。对于这些机器而言，首先需要学习经过标注处理的语句、视频等，明确审核的标准，从而提高审核的效率和准确度。

1.2.7　电子商务

在电商行业，数据标注能够帮助进一步深度挖掘数据集，建立客户全生命周期数据，预测需求趋势，优化价格与库存，最终达到精准营销的目的。通过互联网搜索指定内容答案的搜索完善、通过句子语境判断感情色彩的情绪分析以及人脸标注、语音采集等均为重要的数据标注应用。

对于电商数据而言，如虎鱼网络等专业系统，通过对产品打上结构化标签，包括品牌、颜色、型号、价格、款式、浏览量、购买量、用户评价等，建立360度的全景画像，从而为个性化推荐提供先决条件[8]。同时，该系统也可用于包括人口属性、购物偏好、消费能力、上网特征等在内的用户标签化处理，进一步建立用户兴趣图谱与用户画像，并通过智能推荐系统，推荐高转化的用户场景。

多样化应用场景促使数据标注产业迸发旺盛的生命力。目前，国内主要的互联网巨头企业，如百度、腾讯、阿里巴巴、今日头条、京东、小米等，基本都拥有自己的数据标注平台与应用。同时，在2017~2018年这个时间段，倍赛BasicFinder、龙猫数据、星尘数据、爱数智慧、周同科技等数据标注企业，相继获得千万融资[9]，数据标注发展势头尤为强劲。

1.3　有多少智能，就有多少人工

1.3.1　有监督的机器学习

人工智能体系由"数据""算法"和"应用"三大底层予以支撑。对于机器学习而言，往往基于某个应用场景（如人工智能程序AlphaGo主攻围棋），使机器通过给定的数据学习参数、总结规律、找出方向，进而提高算法（算法可理解为计算机解决问题的方法）。其中，数据成为当仁不让的关键点，输入什么样的数据，就会得到与之相应的结果。

与此同时，机器学习又有监督学习与无监督学习之别。有监督学习首先通过训练样本找出规律，对模型进行优化，使其具有判断与预知能力，这是向"样本"学习的过程，其核心在于"分类"，多用于实际产品应用；

而无监督学习缺少训练样本，直接通过数据进行建模分析，其核心在于"聚类"，主要用作探索研究。

换言之，只有在有监督学习下，带有"标签"的数据才能成为模型优化的"老师"，也正是因为有监督学习，才需要大量经过标注的数据作为先验经验。然而，无论是数据标注，还是此前的数据采集、数据清洗与处理等，大多由人工完成，而数据处理的量级与质量又直接关系到机器的智能程度，也就是我们所说的"有多少智能，就有多少人工"。

举个例子，如果现在我们训练一个能够自动识别辣椒的人工智能程序，那么首先需要对大量含有辣椒的图片进行标注，无论是否带梗、颜色是红还是绿，将标注处理后的训练样本"喂"给等待训练的机器，授之以"渔"，使其基于算法框架自主学习，通过训练集学习，以测试集进行纠错，不断降低错误率，最终学成出师。在这个过程中，输入的数据样本越精确，量越大，其处理效率与运作效率也越高。

1.3.2　最后一批人工智能的"老师"

有多少智能，就有多少人工，在一定意义上，可以将数据标注工程师看作是人工智能的老师，因为他们标注的各种图像、文本与语音教会了机器学习，且标注的数量和质量与机器学习成果直接关联。按照这一思路推演，如果人工智能需要学习新本事，不断提升和完善，那么数据标注工程师这一职业就将伴随其存在下去。

然而，随着人工智能的疯狂生长，它将实现由弱人工智能向强人工智能直至超人工智能的转变，大量人类岗位将由机器人替代，青出于蓝而胜于蓝，最终"学生"将全面超越"老师"。与此同时，在智能升级的过程中，随着有监督学习向无监督学习或迁移学习的转变，数据标注的需求也将大幅度削减，即人工标注最终可能将不复存在。

不过，目前无监督学习等只是处于探索阶段的新算法，并没有大规模地商业落地。为此，即使最终将退出历史舞台，数据标注工程师也是陪伴人工智能成长壮大的最后一批"老师"，很可能成为最后被替代的人类。

同时，在人工标注之外，AI 辅助工具也逐渐应用到具体的标注过程中，如谷歌近期推出的"流体标注"工具。通常而言，在 COCO + Stuff 数据集中，标记一个图像需要 19 分钟，而标记整个数据集需要 53 000 小时[10]，而在谷歌对"流体标注"的展示中，在机器辅助之下，"流体标注"能够清晰圈出目标轮廓和背景，完成数据标注过程。

如图 1-7 所示，图片中列展示的是在 COCO 数据集中对 3 张图片的传统手动标记，而右列则是通过"流体标注"对图片进行的标记。不难看出，"流体标注"与手动标记的呈现效果基本上相差无几，除了智能程度得到大幅度提升之外，标注数据集的生成速度也得以显著提高，可以达到原来的 3 倍。

图 1-7　手动标记和流体标注对比[11]

⚠ 1.4　数据越多，智能越好

在谷歌和 CMU 联合发布的一篇论文中明确指出，深度学习的成功归功于：（a）高容量的模型；（b）越来越强的计算能力；（c）可用的大规模标签数据[11]。然而在此前的研究中发现，2012~2016 年计算力（得益于 GPU）与模型尺寸不断增长，但每年数据集规模却基本保持不变，如图 1-8 所示。

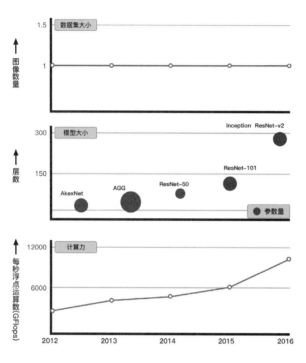

图 1-8　模型尺寸、计算力与数据规模对比[11]

　　这时研究人员提出猜想，当数据规模成百倍成千倍增长时，人工智能研究的精度与准确性会怎么改变呢？是存在一定的"天花板"，还是会随着数据量的增长，人工智能精度越来越高？为了得到确实的结果，研究人员应用 Google 建立的内部数据集——JFT-300M（数据是 ImageNet 的 300 倍，含有超过 10 亿个标签）进行研究。

　　最终的实验结果是，任务性能与训练数据之间关系紧密，大规模数据有助于表征学习，同时随着训练数据的数量级增长，模型性能呈线性增长，大规模的数据集对于预训练而言大有助益，如图 1-9 所示。

　　不难看出，欣欣向

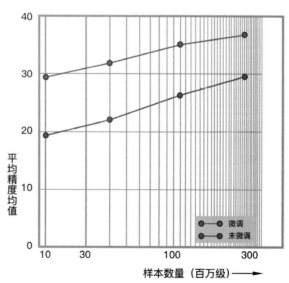

图 1-9　测试性能随数据量呈线性增长[11]

荣的人工智能行业直接拉动了数据标注行业的崛起和发展。随着感知智能向认知智能的转化，对于标注数据的维度与细化程度也提出了更高要求。与此同时，在有监督学习之下，海量高准确率的标注数据进一步推动了人工智能的行业落地，标注的数据越多，智能水平也越高。

1.5　作业与练习

1. 如何理解数据标注与人工智能的关系？
2. 什么是数据标注？
3. 数据标注对象可以划分为哪几类？
4. 数据标注流程包括哪些环节？
5. 数据标注有哪些应用场景？
6. 如何理解"有多少智能，就有多少人工"？
7. 数据量级与智能程度之间存在怎样的联系？

参考文献

［1］中国电子技术标准化研究院. 人工智能标准化白皮书（2018 版）［DB/OL］. http://www.cesi.ac.cn/images/editor/20180124/20180124135528742.pdf.

［2］深入浅出看懂 AlphaGo Zero - PaperWeekly 第 51 期［DB/OL］. https://yq.aliyun.com/articles/226363.

［3］精灵标注［DB/OL］. http://www.jinglingbiaozhu.com/?b_scene_zt=1.

［4］雷锋网. Scale 推出传感器融合标注 API，为自动驾驶技术更快注入数据燃料［DB/OL］. https://www.leiphone.com/news/201803/mlpbK1Q4vUrSzU8o.html?from=www.15sky.com.

［5］AI科技大本营.实战|让机器人替你聊天,还不被人看出破绽? 来,手把手教你训练一个克隆版的你［DB/OL］. https://www.jianshu.com/p/20c84deee073?utm_campaign=maleskine&utm_content=note&utm_medium=seo_notes&utm_source=recommendation.

［6］逛尘.谈谈数据标注那些事［DB/OL］. http://www.woshipm.com/pd/856172.html.

［7］中国江苏网 .“天网”已应用全国 16 省市，人脸识别技术助力安
　　防［DB/OL］. https://baijiahao.baidu.com/s?id=15956901631118878
　　08&wfr=spider&for=pc.

［8］虎鱼网络［DB/OL］. http://www.tigerfishnet.com/research/.

［9］凤凰网科技 . 第一批被 AI 累死的人［DB/OL］. http://tech.ifeng.
　　com/a/20180715/45063971_0.shtml.

［10］新智元 . 谷歌推出“流体标注”AI 辅助工具，图像标注
　　　速度提升 3 倍!（附论文）［DB/OL］. http://www.sohu.com/
　　　a/270697508_473283.

［11］【10 亿 + 数据集，ImageNet 千倍】深度学习未来，谷歌认数据
　　　为王［DB/OL］. http://www.sohu.com/a/156480210_473283.

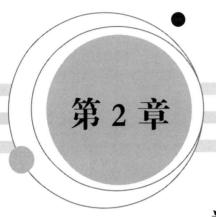

第 2 章

数据采集与清洗

目前，数据标注的素材主要针对有监督的机器学习场景。在这一背景下，往往数据量越大，涉及面越广，数据质量越高，其"喂养"的人工智能算法才能更精确，所以数据采集与清洗成了输出高质量数据标注成品的前提。

2.1 标注对象

2.1.1 主要的数据来源

目前，随着大数据、人工智能的席卷而来，全球大数据呈现指数级增长态势。据统计，2017 年全球的数据总量为 21.6ZB（1 个 ZB 等于十万亿亿字节），目前全球数据的增长速度在每年 40% 左右，预计到 2020 年全球的数据总量将达到 40ZB。[1] 如此庞大的数据都来自哪儿呢？概括而言，可以将其主要分为以下三大来源：

一、是大人群产生的海量数据，全球已经有大约 30 亿人接入了互联网，在 Web 2.0 时代，每个人不仅是信息的接受者，也是信息的产生者，每个人都成为数据源，几乎每个人都在用智能终端拍照、拍视频、发微博、发微信等。

二、是大量传感器产生的海量数据，目前全球有 30 亿 ~50 亿个传感器，到 2020 年会达到 10 万亿个之多，这些传感器 24 小时不停地产生数据，这就导致了信息的爆炸。

三、是科学研究和各行各业越来越依赖大数据手段来开展工作，例如，欧洲粒子物理研究所的大型强子对撞机每年需要处理的数据是 100PB，且年增长 27PB；又如，石油部门用地震勘探的方法探测地质构造、寻找石油，需要用大量传感器采集地震波形数据；高铁的运行要保障安全，需要在铁轨周边大量部署传感器，从而感知异物、滑坡、水淹、变形、地震等异常[2]。

按照产生数据的主体，具体可细分为以下来源：

1）少量企业应用产生的数据

如关系型数据库中的数据和数据仓库中的数据等。

2）大量人产生的数据

如推特、微博、通信软件、移动通信数据、电子商务在线交易日志数据、企业应用的相关评论数据等。

3）巨量机器产生的数据

如应用服务器日志、各类传感器数据、图像和视频监控数据、二维码和条形码（条码）扫描数据等。

2.1.2　常见的标注数据

数据来源多种多样，数据量也越发庞大，即便如此，并不是每种数据都适合标注，具体而言，常见的标注对象主要分为图像与视频、语音、文本。

1）图像与视频数据

图像与视频是常见的标注数据，其中对街景中红绿灯、车辆、高架桥等道路标志的画框标注，可用于帮助自动驾驶车辆识别道路物体；对人脸图像做描点处理，可帮助人工智能识别不同个体等，均为图像标注的常见应用。按照图像展示对象，又可细分为人脸数据、车辆数据以及街景数据等。

其中，就标注工具而言，由麻省理工学院开发的 LabelMe、阿尔伯塔大学开发的 BYLabel、加利福尼亚大学欧文分校开发的 Vatic、多伦多大学开发的 Polygon-RNN 等都是简单易用的图像标注工具。借助以上工具，手动绘制矩形、多边形等，即可完成图像与视频标注。

2）语音数据

在深度学习研究中，语音数据为应答交互系统以及聊天机器人等研发提供了前提。一般而言，采集的数据源往往存在大量嘈杂、错误以及无用的信息，对其进行筛选处理正是数据标注的价值所在。在实际应用中，语音处理软件 Praat、Transcriber、SPPAS 等都是常用的语音标注工具。

3）文本数据

自然语言处理是深度学习研究的重要领域，序列标注问题如中文分词、命名实体识别，分类问题如关系识别、情感分析、意图分析等，均需要标注数据进行模型训练[3]，因此文本数据标注尤为必要。目前，为了满足深度学习的需要，建立文本语料数据库是比较常见的做法。

在具体的文本标注过程中，可通过 IEPY、DeepDive（Mindtagger）、BRAT、SUTDAnnotator、Snorkel、Slate、Prodigy 等开源文本工具进行标注。

2.2 数据采集

2.2.1 数据采集方法

大数据的价值不在于存储数据本身，而在于如何挖掘数据，只有具备足够的数据源才可以挖掘出数据背后的价值，因此，获取大数据是非常重要的基础。

就数据获取而言，大型互联网企业由于自身用户规模庞大，可以把自身用户产生的交易、社交、搜索等数据充分挖掘，拥有稳定安全的数据资源。对于其他大数据公司和大数据研究机构而言，目前获取大数据的方法主要包括如下 4 种：

1）系统日志采集

可以使用海量数据采集工具，用于系统日志采集，如 Hadoop 的 Chukwa，Cloudera 的 Flume、Facebook 的 Scribe 等，这些工具均采用分布式架构，能满足大数据的日志数据采集和传输需求。

2）互联网数据采集

通过网络爬虫或网站公开 API 等方式从网站上获取数据信息，该方法可以将数据从网页中抽取出来，将其存储为统一的本地数据文件，它支持图片、音频、视频等文件或附件的采集，附件与正文可以自动关联。除了网站中包含的内容之外，还可以使用 DPI 或 DFI 等带宽管理技术实现对网络流量的采集。

3）App 移动端数据采集

App 是获取用户移动端数据的一种有效方法，App 中的 SDK 插件可以将用户使用 App 的信息汇总给指定服务器，即便用户在没有访问时，也能获知用户终端的相关信息，包括安装应用的数量和类型等。单个 App 用户规模有限，数据量有限；但数十万 App 用户，获取的用户终端数据和部分行为数据也会达到数亿的量级。

4）与数据服务机构进行合作

数据服务机构通常具备规范的数据共享和交易渠道，人们可以在平台上快速、明确地获取自己所需要的数据。而对于企业生产经营数据或学科研究数据等保密性要求较高的数据，也可以通过与企业或研究机构合作，使用特定系统接口等相关方式采集数据[4]。

以上均为常见的数据采集方法，针对标注数据而言，在通过网络资源获取之外，对人像、车辆、街景等进行现场图像拍摄收集，对语音进行人工朗读、转录，或者直接从书籍、文章中提取特定文本内容等，均为适用的标注数据采集方法。

2.2.2　数据采集流程

如前所述，数据主要来自"大人群"泛互联网数据，大量传感器的机器数据，以及行业的多结构专业数据，来源十分广泛，且数量庞大。在这些数据中，往往原始材料与第一手资源针对性强，且更为准确，但相应的采集比较耗时耗力，而对于互联网信息以及文献资料、研究报告等丰富的现成资料，采集相对比较快捷。

对于出处各不相同的数据，应该遵循怎样的数据采集流程是我们接下来需要探讨的问题。具体而言，数据采集在明确数据来源之后，可以根据特定行业与应用定位，确定采集的数据范围与数量，并通过核实的数据采集方法，开展后续的数据采集工作。

以下以日志文件为例，对数据采集流程进行简要介绍。日志文件是用于记录数据源的执行的各种操作行为，包括股票记账、流量管理、web 服务器记录等用户访问行文的记录，很多互联网企业都有自己的海量数据采集工具，多用于系统日志采集。

其中，Flume 是 Cloudera 提供的分布式的海量日志采集、聚合和传输的系统，在日志收集简单处理方面有着重要应用。以下主要从原生数据采集的角度，通过 Flume 的使用，具体阐述访问日志的采集过程。

简单地说，在 Flume 的运行过程中涉及以下概念：首先是数据源（source），这是数据采集的基地，再者是缓冲区（channel），即中间站点，最后是目的地（sink）——数据的归宿。在这个过程中，通过 source 采集的数据进行封装以后，以单元（event）作为传输数据的基本单位，在 source 与 sink 之间进行流动（flow），具体运行过程如图 2-1 所示。

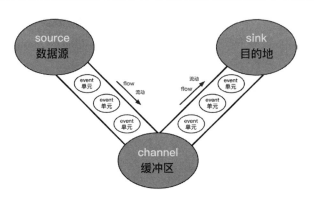

图 2-1　基于 Flume 的数据采集流程[5]

简而言之，Flume 收集来自各个服务器的外部数据，并以封装后的 event（单元）流动，其间经过 channel（缓冲区），最终到达 sink（目的地）。为了确保数据成功输送，需要先将数据输送到缓冲区进行缓存，当数据真正到达目的地后，再将数据进行删除。经过上述的数据流向，最终达到日志数据采集的目的。

2.2.3　标注数据采集

在列举数据采集的方法和流程之后，以下主要针对人脸数据、车辆数据、街景数据、语音数据以及文本数据等，具体描述数据采集的过程与要求。

1. 人脸数据采集

目前对于人脸数据，一方面可通过第三方数据机构购买，另一方面也可自行采集。在采集之前，首先需要根据应用场景，明确采集数据的规格，对包括年龄、人种、性别、表情、拍摄环境、姿态分布等予以准确限定，明确图片尺寸、文件大小与格式、图片数量等要求，并在获得被采集人许可之后，对被采集人进行不同光线、不同角度、不同表情的数据拍摄与收集，并在收集后对数据做脱敏处理。

以下为一个简单的人脸数据采集规格示例：

年龄分布——18~30 岁

性别分布——男：54；女：46

人种分布——黑种人：50；白种人：40；黄种人：10

表情类型——正常，挑眉，向左看，向右看，向上看，向下看，闭左眼，闭右眼，微张嘴，张大嘴，嘟嘴，微笑，大笑，惊讶，悲伤，厌恶

拍摄环境——光线亮的地方，光线暗的地方，光线正常的地方

图片尺寸——1 200*1 600

文件格式——JPG

图片数量——20 000

适用领域——人脸识别，人脸检测

2. 车辆数据采集

在对车辆数据的采集中，常见的方式是通过交通监控视频进行图片截取，图片最好包括车牌、车型、车辆颜色、品牌、年份、位置、拍摄时间等车辆信息，并做统一的图片尺寸、文件格式、图片数量规定，同时做脱敏处理（即数据漂白），实时保护隐私和敏感数据。

以下为一个简单的车辆数据采集规格示例：

车型分布——小轿车、SUV、面包车、客车、货车、其他

车辆颜色——白、灰、红、黄、绿、其他

拍摄时间——光线亮的时候，光线暗的时候，光线正常的时候

车牌颜色——蓝、白、黄、黑、其他

图片尺寸——1 024*768

文件格式——JPG

图片数量——75 000 张

适用领域——自动驾驶、车牌识别

3. 街景数据采集

与车辆数据采集类似，街景数据采集也可通过监控视频进行图片截图与收集，同时可借助车载摄像头、水下相机等进行街景拍摄。例如谷歌在进行街景拍摄时，通过集采集、定位与数据上传于一体的街景传感器吊舱、街景眼球、街景塔、街景三轮车、街景雪地车、街景水下相机等多种方式进行 360° 图像采集。采集的街景图片主要包括城市道路、十字路口、隧道、高架桥、信号灯、指示标志、行人与车辆等场景。同时，对于采集的数据同样需要做统一的图片尺寸、文件格式、图片数量规定与脱敏处理。

以下为一个简单的街景数据采集规格示例：

采集环境——城市道路

路况覆盖——十字路口、高架桥、隧道

数据规模——10 000 张

拍摄设备——车载摄像头

图片尺寸——1 920*1 200

文件格式——PNG

图片数量——15 000 张

适用领域——自动驾驶

4. 语音数据采集

对于语音数据采集，较为直接的方式是语音录制。在录制之前，对采集数量、采集内容、性别分布、录音环境、录音设备、有效时长、是否做内容转写、存储方式、数据脱敏等加以明确，并在征得被采集人的同意之后，进行相关录制。由此可建立中文、英语、德语等丰富的语种语料以及方言语音数据。

以下为一个简单的语音数据采集规格示例：

采集数量——500 人

性别分布——男性：200 人；女性：300 人

是否做内容转写——是

录制环境——关窗关音乐，关窗开音乐，开窗开音乐，开窗关音乐

录音语料——新闻句子；微博句子

录音设备——智能手机

音频文件——WAV

文件数量——200 000 条

适用领域——语音识别

5．文本数据采集

如前所述，在数据标注中需要建立多种文本语料库，可以通过专业爬虫网页，对定向数据源进行定向关键词抓取，获取特定主题内容，进行实时文本更新，建立包括多语种语料库、社交网络语料库、知识数据库等，并对词级、句级、段级和篇级等进行说明。在采集之前，对分布领域、记录格式、存储方式、数据脱敏、产品应用等进行明确界定。

以下为一个简单的文本数据采集规格示例：

采集内容——英语、意大利语、法语等语言网络文本语料

文件格式——txt

编码格式——utf-8

文件数量——50 000 条

适用领域——文本分类、语言识别、机器翻译

2.3　数据清洗

虽然采集端本身有很多数据库，但是如果要对这些海量数据进行有效的分析，还是应该将这些数据导入一个集中的大型分布式数据库或者分布式存储集群中，同时，在导入的基础上，针对缺失信息、不一致信息与冗余信息等，完成数据清洗和预处理工作，如图 2-2 所示。

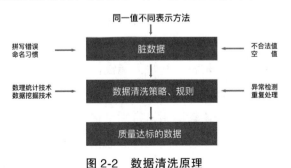

图 2-2　数据清洗原理

在现实世界中，数据大体上都是不完整、不一致的"脏"数据，无法直接进行数据挖掘，或挖掘结果差强人意，为了提高数据挖掘的质量，产生了数据预处理技术。数据预处理有多种方法，包括数据清理、数据集成、数据变换、数据归约等，大大提高了数据挖掘的质量，降低数据挖掘所需要的时间。

（1）数据清洗主要是达到数据格式标准化、异常数据清除、数据错误纠正、重复数据的清除等目标。

（2）数据集成是将多个数据源中的数据结合起来并统一存储，建立数据仓库。

（3）数据变换是通过平滑聚集、数据概化、规范化等方式将数据转换成适用于数据挖掘的形式。

（4）数据归约是指在对挖掘任务和数据本身内容理解的基础上，寻找依赖于发现目标的数据的有用特征，以缩减数据规模，从而在尽可能保持数据原貌的前提下，最大限度地精简数据量。

2.3.1 数据清洗方法

如前所述，为了获得高质量数据，在数据采集之后，需要将不规整的数据转化为规整数据，而提供准确、简洁的数据清洗则成为数据预处理中的关键环节。所谓的数据清洗，也就是 ETL 处理，包含抽取 Extract、转换 Transform、加载 Load 这三大法宝。[6] 根据不同的业务需求，数据清洗包括以下几种应用方法：

1. 处理缺失值

数据的收集过程很难做到数据全部完整。例如：数据库中表格的列值不会全部强制性不为空类型，问卷调查对象不想回答某些选项或是不知道如何回答，设备异常，对数据改变没有日志记载。处理缺失值的方法有以下 3 种。

（1）忽略元组：也就是将含有缺失属性值的对象（元组、记录）直接删除，从而得到一个完备的信息表。在缺失属性对象相对于整个数据集所占比例较小时，这种方法比较适用，特别是在分类任务中缺少类别标号属性时常采用。如果数据集中有较高比例的数据对象存在缺失值问题，这种方法失效。在样本资源比较少的挖掘任务中，删除宝贵的数据对象会严重影响挖掘结果的正确性。

（2）数据补齐：使用一定的值对缺失属性进行填充补齐，从而使信息表完备化。数据补齐的具体实行方法较多。

人工填写：需要用户非常了解数据相关信息，并且数据量大时，这种方法效率太低。

特殊值填充：将所有空值使用一个特殊值（如"unknown"）进行填充，这种方法有可能导致严重的数据偏离。

平均值填充：如果属性是数值型的，使用所有对象属性的平均值来填充，对于倾斜分布情况也可以采用中位数来填充；如果属性是非数值型的，可以采用出现频率最高的值来填充。

使用最有可能的值填充：采用基于推断的方法填充空缺值。例如，可以使用包含空值对象周围与其相似的对象值对其进行填充，可以建立回归模型，对缺失属性值进行估计，也可以使用贝叶斯模型推理或决策树归纳确定。

（3）不处理：有很多数据挖掘方法在属性值缺失方面具有良好的鲁棒性，可直接在包含空值的数据上进行数据挖掘。这类方法包括贝叶斯网络和人工神经网络等。

2. 噪声数据

噪声（noise）可用于测量变量中的随机错误或偏差。造成这种误差有多方面的原因，例如，数据收集工具的问题，数据输入、传输错误，技术限制等。可以通过对数值进行平滑处理而消除噪声。主要使用的技术有回归、分箱、孤立点分析。

回归：通过函数拟合数据来光滑数据。线性回归涉及找出拟合两个属性（或变量）的"最佳"直线，使得一个属性可以用来预测另一个。多元线性回归则是涉及的属性多于两个，并且数据拟合到一个多维曲面。[7]

分箱（Binning）：通过考察相邻数据来确定最终值，实际上就是按照属性值划分的子区间，如果一个属性值处于某个子区间范围内，就称为把该属性值放进这个子区间所代表的"箱子"内。用"箱的深度"表示不同的箱里有相同个数的数据，用"箱的宽度"来表示每个箱值的取值区间为常数。由于分箱方法考虑相邻的值，因此是一种局部平滑方法。

孤立点分析：孤立点是在某种意义上具有不同于数据集中其他大部分数据对象特征的数据对象，或是相对于该属性值不寻常的属性值。可以通过聚类来检测离群点，落在簇之外的数据对象被视为孤立点。

3. 重复数据

在数据库中，对于属性值相同的记录，可以将其看作是重复记录，通过判断记录间的属性值来检测记录是否等同，相等的记录合并为一条记录。所以，合并或者消除是处理重复数据的基本方法。

2.3.2　数据清洗流程

在具体的数据清洗过程中，可以按照明确错误类型—识别错误实例—纠正发现错误—干净数据回流的具体流程开展。[8]

1. 明确错误类型。在这个环节，可以通过手动检查或者数据样本等数据分析方式，检测分析数据中存在的错误，并在此基础上定义清洗转换规则与工作流。根据数据源的数量以及缺失、不一致或者冗余情况，决定数据转换和清洗步骤。

2. 识别错误实例。在识别过程中，如果采用人工方式，往往耗时耗力，准确率也难以保障。为此，在这个过程中，可以首先通过统计、聚类或者关联规则的方法，自动检测数据的属性错误。对于重复记录，可以通过基本的或者是递归的字段匹配算法、Smith-Waterman 算法等实现数据的检测与匹配。

3. 纠正发现错误。对于纠正错误，则按照最初预定义的数据清洗规则和工作流有序进行。其中，为了处理方便，应该对数据源进行分类处理，并在各个分类中将属性值统一格式，做标准化处理。此外，在处理之前，应该对源数据进行备份，以防需要撤销操作或者数据丢失等意外情况。

4. 干净数据回流。通过以上三大环节，基本已经可以得到干净数据，这时需要将将其替换掉原来的"脏"数据，实现干净数据回流，以提高数据质量，同时也避免了重复进行数据清洗的工作。

2.3.3　MapReduce 数据去重

在数据清洗的过程主要是编写 MapReduce 程序[9]，可以通过 Map（映射）与 Reduce（化简）的过程予以实现。下面就通过一个简单的例子，具体阐述一下基于 MapReduce 的数据去重过程。

假设目前采集了两个文本文件，里面涉及不少重复数据，具体如下：

file1.txt	file2.txt
2018-9-1 b	2018-9-1 a
2018-9-2 a	2018-9-2 b
2018-9-3 b	2018-9-3 c
2018-9-4 d	2018-9-4 d
2018-9-5 a	2018-9-5 a
2018-9-6 c	2018-9-6 b
2018-9-7 d	2018-9-7 c
2018-9-3 c	2018-9-3 c

对于上述两个文件中的每行数据，我们都可以将其看作是 Map 和 Reduce 函数处理后的 Key 值，当出现重复的 Key 值，就将其合并在一起，从而达到去重的目的，如图 2-3 所示。

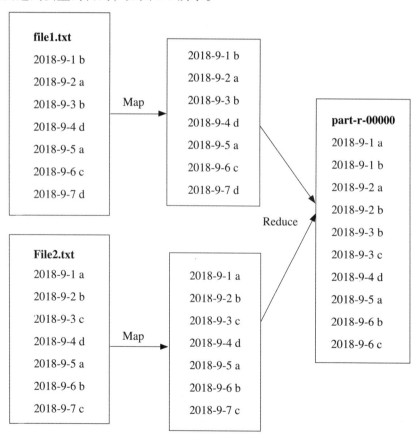

图 2-3　基于 MapReduce 的数据清洗流程

2.4　作业与练习

1. 数据主要有哪三大来源?
2. 数据采集方法有哪些?
3. 数据采集流程是怎样的?
4. 如何看待基于 Flume 的数据采集?
5. 针对不同的业务需求,数据清洗的方法有哪些?
6. 如何看待基于 MapReduce 的数据清洗?

参考文献

［1］2018 年全球大数据呈现的 7 大主流 2020 年规模达 800 亿美元［DB/OL］. http://www.elecfans.com/iot/630774.html.

［2］刘鹏. 大数据［M］. 北京:电子工业出版社,2017.

［3］构想:中文文本标注工具(内附多个开源文本标注工具)［DB/OL］. https://blog.csdn.net/c9Yv2cf9I06K2A9E/article/details/78560121.

［4］刘鹏. 数据挖掘［M］. 北京:电子工业出版社,2017.

［5］Flume 日志收集系统介绍［DB/OL］. https://www.cnblogs.com/wangtao1993/p/6404232.html.

［6］常用数据清洗方法大盘点［DB/OL］. https://blog.csdn.net/w97531/article/details/81947376.

［7］数据预处理［DB/OL］. https://www.cnblogs.com/2589-spark/p/4261169.html.

［8］数据清洗基本概念［DB/OL］. https://www.cnblogs.com/tomcattd/p/3372341.html.

［9］大数据采集、清洗、处理:使用 MapReduce 进行离线数据分析完整案例［DB/OL］. http://blog.51cto.com/xpleaf/2095836.

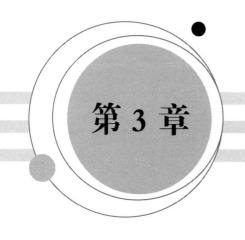

第3章

数据标注分类

在业界，2017年被定义为"人工智能的元年"。近年来，科学技术飞速发展，信息技术作为其代表，发展速度更是令人瞩目。大数据研究和应用给人类的生产生活带来越来越多的便利。得益于此，从书面理论再到实际应用，人工智能迅速走进我们的生活，并与我们的生活紧密联系在一起。那么，不少人不禁想问，人工智能发展和应用所需要的大量数据是如何进行加工处理，把海量无序的数据转变成机器所能理解的数据的呢？我们在这里就做出具体的介绍。目前，数据行业的标注对象主要有图像、语音、文本等类型。下面我们就来了解一下这三种数据标注的类型、应用以及标注规范。

3.1 图像标注

近年来，人们对图像标注问题的研究越来越深入。作为数据标注重要的类型之一，图像标注可能是最广泛、最普遍的一种数据标注类型。

3.1.1 什么是图像标注

图像标注问题的本质是视觉到语言的问题，用通俗的话来说，就是"看图说话"。这就好比我们小时候在做看图说话题目一样，同理，我们也希望算法能够根据图像得出描述其内容含义的自然语句和自然语言。但是，这对于小朋友来说小事一桩的小儿科级工作，对于计算机视觉领域来说，却是一个不小的挑战。因为图像标注问题需要在两种不同形式的图像信息到文本信息之间进行"翻译"才行。

3.1.2 图像标注应用领域

要想理解图像标注，首先要理解机器学习。要想完成图像识别，必须有大量的数据才行。神经网络本来是不能识别图像的，但神经网络会把数字当成输入。对于计算机来说，图片就相当于一连串代表着每个像素颜色的数字。

我们把一副 18×18 像素的图片当成一串 324 个数字的数列，就可以把它输入我们的神经网络里面了。为了更好地操控输入的数据，我们不妨把神经网络扩大到 324 个输入节点。第一个输出预测图片是"6"的概率，第二个则输出预测不是"6"的概率。也就是说，可以依据多种不同的输出，应用神经网络把要识别的物品进行分组。

现在要训练我们的神经网络了。先对大批的"6"和非"6"图片进行标注，相当于明确告诉它我们判定为"6"的图片是"6"的概率是 100%，不是"6"的图片其概率为 0；对应的非"6"的图片，明确告诉它我们输入的图片是"6"的概率为 0，不是"6"的概率是 100%。

可以利用计算机用几分钟的时间来训练这种神经网络。完成之后，便可以得到一个有着很高的"6"图片识别率的神经网络。

如今，图像标注主流的应用领域有车辆车牌、人像识别、医疗影像标注、机械影像等领域。具体如下。

1. 车辆车牌标注

在处理车辆车牌图像标注时，我们为什么需要大批的数据呢？这是因为机器在大批数据的学习中，会自行总结这些对象的高维特征，在识别新图像时就可以通过自己总结的高维特征对新的图像进行标注，对每一种可能出现的结果给出一个概率。作为车辆车牌领域中非常重要的自动驾驶，其标注方式主要有两种，其一为拉框标注，其二为精细的切割标注，如图 3-1 所示。

图 3-1　车辆车牌图像标注[1]

首先来看拉框标注。在进行标注时，要将框的边缘紧贴车辆的边缘，同时务必注明每一个框的属性。对于算法来讲，每一个框都是一个小图，每一个小图都对应一种车辆。

再来看切割标注。在进行标注时，需要格外注意标注的边框需要与车辆的边缘相切，如果不相切，把不属于车辆的部分框选了进来，后果就是机器在学习的时候，把框选进来的非车辆部分识别为车辆，从而造成机器识别不准确甚至是识别错误的情况；框选属性的时候也是如此，如果本来是汽车，却标记成了卡车，这就相当于是在告诉机器这辆汽车是卡车的概率是 100%，机器学习的时候，它就不知道是否正确了。

基于已经掌握的车辆车牌标注技术基础，云创大数据等单位联合开发的 AI 车牌识别云服务利用道路实时监测车牌数据，并将其上传至大数据云平台，进行算法处理分析人工筛查分类异常数据，大大提升了车牌识别率。此外，云创大数据开发的智慧路灯伴侣云平台，利用视频结构化数据技术，通过全景摄像功能可以采集海量的车辆图像，记录车牌、车型、车身颜色等过往车辆信息，对道路车流状态、交通违法行为、交通事故、特定车辆轨迹等进行智能化的监控与追踪，以加强城市车辆治安管控，打击违法犯罪行为，如图 3-2 所示。

图 3-2 智慧路灯伴侣

2. 人像识别标注

与其他图像标注应用范围相比，人像识别所应用的原理不大一样。它通常是在人脸上定位多个标志点，这也就是人脸关键点的标注，每一个点都对应一个特征位置，少的话，从最基础的五点标注；多的话，几百点标注均有可能涉及，如图 3-3 所示。

图 3-3 人脸识别图像标注[2]

需要注意的是，每一个点都代表一个关键点位，分别对应了五官的一个关键位置，连起来之后就形成人的五官。点位较多的有 240 个点的人脸关键点位标注，包含人的脸部轮廓、唇形轮廓、鼻形轮廓、眼轮廓以及眉轮廓等，从而形成一张完整的人脸关键点位分布图。

基于已经掌握的人像识别技术，云创大数据通过模糊人脸识别分析＋精确人像对比二合一应用，可以准确对比识别人脸信息以及马路行人的性别、年龄、衣服等外貌信息，方便排查嫌疑人员，追捕在逃疑犯，也可用于失踪人口的查找，这在云创大数据开发的智慧路灯伴侣云平台中得以具体实现。

3. 医疗影像标注

在医疗行业，应用较多的则是影像标注。但是，目前医疗影像技术发展还不够成熟，进入门槛也比较高。所以，做影像标注的多为专业医生。影像标注与车辆的拉框标注所采用的方法比较类似，但是处理起来会涉及较为严谨的专业医学知识，再加之对标注准确性的要求极高，如果标注错误，会产生非常严重的医疗事故。这就要求只能是一些医学领域的专业人才来做，比如在职医生和医学研究生。而面对一些比较复杂的医疗影像，甚至一些在三甲医院实习的研究生都无法完成。

云创大数据利用医疗影像标注技术，通过与南京鼓楼医院合作，在前列腺癌的早期诊断方面具备丰富的行业积累，在课题申报、论文发表等方面取得了显著的成果，诊断准确度达到了 99% 以上，并得到国内外媒体的广泛报道。此外，云创大数据也在利用医疗影像标注技术对宫颈癌进行早期筛查，如图 3-4 所示。

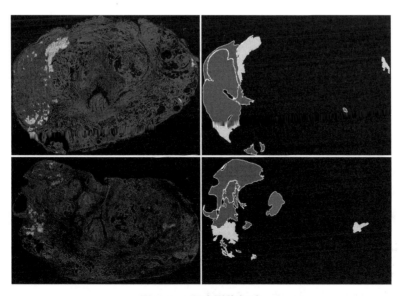

图 3-4　医疗影像标注

但是我们必须要认识到，智慧医疗尚处于起步阶段，目前还没有成熟的商业模式承载和足够的落地资金支持。空中楼阁般做好某个东西，然后急匆匆直接套进医疗行业是万万不行的，只有与现有成熟的商业模式完美结合，才能实施落地。

4. 机械影像标注

从事机械制图，图样绘制是一个专业而严谨的过程。机械图样是设计、加工制造、装配使用、检验检测以及维修等活动的重要技术参考，更是工程技术人员交流的工具。在机械影像标注领域，涉及的主要有尺寸标注和表面粗糙度标注两种。

尺寸标注直接关系到产品的质量，对企业的信用和口碑具有关键性作用。相关人员在进行尺寸标注时，常会遇到各种问题，为此一定要端正态度，认真标注，容不得丝毫马虎。在进行实际标注时，要明确其基本要求所在，更要熟悉国家标准和相关规定。要选择尺寸基准，分别对各部分形体进行标注，更要标注出各部分形体间的定位尺寸和总体尺寸，标注完成后再次进行检查核对，确保其完整性和正确性，如图 3-5 所示。

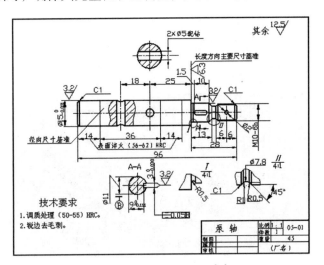

图 3-5　机械影像标注[3]

表面粗糙度标注与机械零件表面加工质量密切相关，更是机械图样中使用广泛的一种标注方法。在进行实际标注时，要分析国家标准对表面粗糙度的要求，从表面粗糙度符号的回执、标注位置和方向以及表面粗糙度数值的注写出发，切实做好表面粗糙度的标注工作。

人工智能时代需要大量的机器代工，相关技术人员不仅可以通过基本视图、断面图以及尺寸标注等，提升机器的加工能力和效率，同时加之深度学习应用，更可研发更多智能化的服务机器人。

3.2　语音标注

语音标注与人工智能有着密切的关系，因此与语音标注相关的问题都值得我们重视和学习。本节主要探索性地学习一些与语音标注相关的知识，如图 3-6 所示。

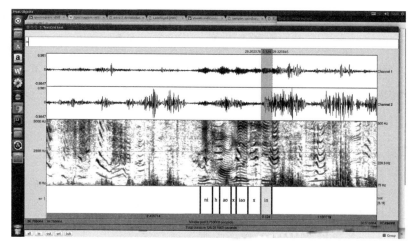

图 3-6　语音标注

3.2.1　什么是语音标注

一般来说，语音标注与我们生活的众多方面都是息息相关的。比如，我们在使用微信时，语音可以转换成文字，在使用百度地图 App 上的小麦克风功能，或者京东客服里的直接说出问题，JIMI 对应解决等功能。这些都需要前期大量的人工去标记这些"说出的话"所对应的"文字"，采用人工的方式一点点去修正语音和文字间的误差。这就是语音标注。

3.2.2　客服录音数据标注规范

生活中，语音标注最典型的应用是客服录音的数据标注。客服录音数据标注是有着严格的质量要求的，具体标准就是文字错误率和其他错误率。文字错误率是指语音内容方面的标注错误。只要有一个字错了，该条语音就算错，一般要控制在 3% 以内；其他错误率是指除了语音内容以外的其他标注项错误。只要有一项错了，该条语音也算错，一般应控制在 5% 以内。下面具体看一下客服录音数据标注规范，具体可以从以下 6 个步骤入手。

1. 确定是否包含有效语音

无效语音，是指不包含有效语音的类型。比如，由于某些问题导致的文件无法播放；音频全部是静音或者噪音；语音不是普通话，而是方言，并且方言口音很重，造成听不清或听不懂的问题；两个人谈话，谈话内容超过 3 个字（包括 3 个字）并且听不清楚内容的或者噪声盖住说话人声大于 3 个字（包括 3 个字）导致内容听不清楚的；音频中无人说话，只有背景噪声或音乐；音频背景噪声过大，影响说话内容识别；语音音量过小或发音模糊，无法确定语音内容；语音只有"嗯""啊""呃"的语气词，无实际语义的……

2. 确定语音的噪声情况

常见噪声包括但不限于主体人物以外其他人的说话声、咳嗽声。此外，雨声、动物叫声、背景音乐声、骑车滴答声、明显的电流声也包括在内。如果能听到明显的噪声，则选择"含噪声"，听不到，则选择"安静"。

3. 确定说话人数量

谈话人数量，即标注出语音内容是由几个人说出的。因为此处讲的是客服录音，所以一般都是两个人的说话声。

4. 确定说话人性别

如果在该语音中，有多个人说话，则标注出第一个说话人的性别。

5. 确定是否包含口音

在语音标注过程中，如果有多个人说话，这时候就需要标记出第一个说话的人是否有口音。"否"则代表无口音，"是"则代表有口音。常见有口音的有，h 和 f 不分，l 和 n 不分，n 和 ng 不分，e 和 uo 不分，以及分不清前后鼻音、平翘舌等情况。

6. 语音内容方面

假如两个人同时说话，则以主体说话人声音较大的为标准来转写文字。假如一条语音中，有两个人同时说出了低于 3 个字的话，并听不清楚的，将听不清的部分用"〔d〕"表示。假如一条语音中，低于 3 个字的部分噪音太大，盖住说话人的声音导致听不清的，将听不清的部分用"〔n〕"表示。

另外，文字转写也有一些要求，具体如下。

（1）文本转写结果需要用汉字表示，常用词语要保证汉字正确，如果遇到不确定的字，比如人名中的汉字，这时候可以采用常见的同音字表示，如"陈红/陈宏"，都是可以的。

（2）转写内容需要与实际发音内容完全一致，不允许出现修改与删减的问题，即使发音中出现了重复或者不通顺等问题，也要根据发音内容给出准确的对应文本。如发音为"我我好热"，"我"出现了重复，则依然转写为"我我好热"。

然而对于因为口音或个人习惯造成的某些汉字发音改变，则需要按照原内容改写。如由于口音，某些音发不清楚，音量读成了"yin1 niang4"，则仍然标注为"音量"，不能标注为"音酿"；对于有人习惯性读错的某些汉字，如将"教室"读成"jiao4 shi3"，则需要标注为"教室"，不能标注为"教使"。

（3）遇到网络用语，如实际发音为"孩纸""灰常""童鞋"，则应该根据发音标注为"孩纸""灰常""童鞋"，不能标注为"孩子""非常""同学"。

（4）转写时对于语音中正常的停顿，可以标注常规的标点符号（如逗号、句号、感叹号），详细标注规则可以根据实际情况自行判断，不做强制要求。

（5）遇到数字，根据数字具体的读法标注为汉字形式，不能出现阿拉伯数字形式的标注。如"321"，允许的标注为"三二一""三二幺""三百二十一"等，禁止标注为"321"。

（6）对于儿化音，根据音频中说话人的实际发音情况进行标注。如"玩"，读出了儿化音则标注为"玩儿"，没有读出儿化音则标注为"玩"。

（7）对于说话人清楚讲出的语气词，如"啊""嗯""哎"等，需要根据其真实发音进行转写。

（8）关于语音中夹杂英文的情况，要按以下方式进行处理。

① 如果英文的实际发音为每个字母的拼读形式，则以大写字母形式去标注每一个拼出的字母，字母之间加空格，如"W T O""C C T V"等。

② 假如出现的是英文单词或短语，对于常用的专有词汇，在可以准确确定英文内容的情况下，可以以小写字母的形式标注每个单词，单词与单词之间以空格分割，如"gmail dot com"；在其他情况下直接抛弃。标注工作主要针对中文普通话，因此除了一些常见的专有词汇，如网址、品牌名称外，其他英文词汇直接抛弃即可。

3.3　文本标注

文本标注其实是一个监督学习问题。我们可以把标注问题看作是分类问题的一种推广方式，同时，标注问题也是更复杂的结构预测问题的简单形式。标注问题，其输入是一个观测序列，其输出是一个标记序列护着状态序列。标注问题的目的是学习模型，使该模型能够对观测序列给出标记序列作为预测。需要注意的是，标记个数是有限的，但其组合缩成的标记序列的个数是依照序列长度呈指数级增长的。

3.3.1　什么是文本标注

作为最常见的数据标注类型之一，文本标注是指，将文字、符号在内的文本进行标注，让计算机能够读懂识别，从而应用于人类的生产生活领域。

3.3.2　文本标注应用领域

文本标注在我们的生活中应用范围还是比较广泛的。具体来说，文本标注应用比较多的行业有客服行业、金融行业、医疗行业等。应用类型主要有数据清洗、语义识别、实体识别、场景识别、情绪识别、应答识别等。

1. 客服行业

在客服行业，文本标注主要集中在场景识别和应答识别。以不少电商平台的智能客服机器人为例，当用户在购物遇到问题，需要与机器人沟通交流时，人工智能将根据用户的咨询内容切入对应的场景里，然后让用户选择更细分的应答模型，再定位到用户的实际场景中，根据用户的具体问题，给出对应的回答。整个过程就好比是把用户的问题用漏斗状的筛子过一遍。

在初期建立应答体系的时候，需要对海量用户咨询语言所生成的文字材料进行分类，把对应的用户咨询的问题事先标记好，然后放进对应的模型中。例如，"我看的这台电脑 CPU 是什么型号"，具体如图 3-7 所示。

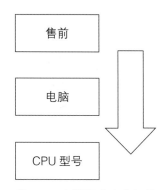

表 3-7　客服行业文本标注

在这一步中，数据标注的具体工作就是给句子的场景打标，将用户的问题细分进对应的场景中。在进行这种标注时，需要人工智能非常熟悉本行业的业务逻辑树，其实质就是建立机器人的应答知识库。机器人在收到用户发出的指令时，需要识别这些指令和哪个细分问题的拟合度最高，然后选取那个问题的答案作为给用户的答案。

2.　金融行业

线上平台标注和线下表格标注是金融行业文本标注主要的标注形式，我们以金融行业企业标注的线下标注内容举例。

尽管人工智能会通过大量整理好的语料尽量穷举对应场景和模型的应答知识库，但是用户提问的方式通常都是不一样的，很多问题需要根据上下文和其应用场景才能做到充分理解，再加上机器的识别是一个概率问题，最终识别成什么问题，以及最终给出什么答案都存在阈值，所以经常出现识别错误等异常情况也是不容易避免的。

一般，出现错误的情况被称作"badcase"。这时候，需要数据标注员对原始的聊天数据进行标记，看机器人的回答是否正确。如果不正确，就必须分析出现的问题是哪一种，是一级分类错误还是二级分类错误，或是回答的内容不够好，不能满足用户的需求。

打个比方，当用户问信用卡怎么办理的时候，机器人回复的却是储蓄卡的办理流程，这就是出现了"badcase"。这就是因为，机器人把问题分进了错误的分类，从而出现回答错误答案的现象。然后，将出现的错误筛选出来，并根据业务逻辑树进行分类，标记完之后由专人对应答情况进行调优。

3. 医疗行业

在医疗行业，对自然语言进行标记处理，对专业度要求比较高，需要专门的医学人才才能进行标注。往往本行业的标注的对象是从病例中抽取出来的一些字段，病历里面的体查项和既往病史是有模板的，直接识别可替换项的结果就可以，这往往是比较容易的。但是，主诉和医生对患者的描述通常每次都会有所差异。

我们在做标注的时候可以这样处理：首先明确每个词的属性，即每个词在这种语境下面具备怎样的属性。然后标注每个词在句子中的作用。举个例子，患者主诉为：腰痛 2 年，伴左下肢放射痛 10 日余，如图 3-8 所示。

腰痛 2 年，伴左下肢放射痛 10 日余		
分词	属性	位置
腰	器官	主
痛	症状	谓
2	时间	宾
年	时间	宾
，	—	—
伴	—	—
左	方位	主
下	方位	主
肢	器官	主
放射	修饰属性	谓
痛	症状	谓
10	时间	宾
日	时间	宾
余	时间	宾

图 3-8 医疗行业文本标注

这种标注的目的在于让机器去识别患者主诉中的每一个词，通过进行大量的数据标注，人工智能就能够识别每个词具备怎样的属性，在句子中有什么作用，在这种语境下扮演什么角色，并且教会机器去拆词，识别哪些是有用的，哪些是无用的。

3.4 作业与练习

1. 数据标注的分类有哪些？请简要概括。

2. 你怎样理解图像标注的概念？

3. 图像标注有哪些具体应用？

4. 你怎样理解语音标注的概念？

5. 语音标注的规范有哪些？请详细论述。

6. 你怎样理解文本标注的概念？

7. 文本标注有哪些具体应用？

参考文献

［1］互联网数据标注员是做什么的？有什么发展前途吗？[DB/OL].
https://www.zhihu.com/question/30654399/answer/369067570.

［2］凤凰网科技.第一批被 AI 累死的人 [DB/OL]. http://tech.ifeng.com/
a/20180715/45063971_0.shtml.

［3］各种机械标注，好好学习一下 [DB/OL]. https://baijiahao.baidu.com/s?
id=1564075061870219&wfr=spider&for=pc.

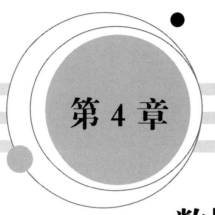

第 4 章

数据标注质量检验

要了解质量检验，首先需要知道到底什么是质量？美国现代质量管理专家约瑟夫·M·朱兰（Joseph M. Juran）博士曾提出"质量是一种合用性，而所谓"合用性 (Fitness for use)"是指使产品在使用期间能满足使用者的需求。"美国质量管理大师菲利浦·克劳士比（Philip Crosby）对质量的定义就是需要"符合要求"，生产者对产品的要求决定产品的质量。美国全面质量控制的创始人阿曼德·费根堡姆（Armand Vallin Feigenbaum）则认为"质量并非意味着最佳，而是客户使用和售价的最佳"。通过三位质量管理专家提出的不同观点，可以看出质量是需要满足用户的需求，生产者需要根据客户需求制定产品要求，而产品要求既需要考虑到用户需求，还需要考虑用户能够接受的价格，而数据标注的质量同样适用上述观点。

4.1 数据质量影响算法效果

机器学习是一种从数据中自动训练获得规律，并利用规律对未知数据进行处理的过程。如何让机器学习从数据中更准确有效地获得规律，这就是数据标注要做的事情。虽然机器学习领域在算法上取得了重大突破，由浅层学习转变为深度学习，但缺乏高质量的标注数据集已经成为深度学习发展的瓶颈。

机器学习算法的训练效果在很大程度上需要依赖高质量的数据集，如果训练中所使用的标注数据集存在大量噪声，将会导致机器学习训练不充分，无法获得规律，这样在训练效果验证时会出现目标偏离，无法识别的情况。

图 4-1 是非专业标注人员标注的细胞核，通过标注轮廓的杂乱性可以看出，非专业标注人员标注的数据中存在大量噪声。图 4-2 是通过机器学习后验证的训练效果。可以看出，非专业标注员标注的数据通过机器学习只能识别出一部分目标，而且目标轮廓发生偏移，机器学习没有得到充分的训练。

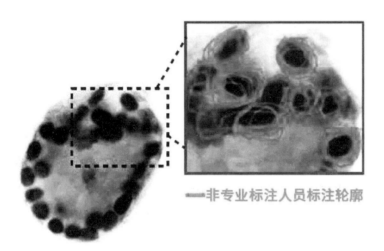

图 4-1　非专业标注人员标注的细胞核

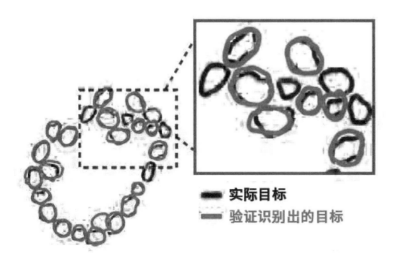

图 4-2　机器学习后验证的训练效果

对于质量不高的数据，在进行机器学习前需要经过加工处理，让数据集的整体质量得到提升，以此提高算法的训练效果。机器学习的训练效果与数据集质量的关系如图 4-3 所示。

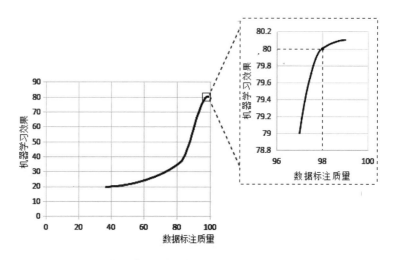

图 4-3　数据标注质量与机器学习效果关系曲线图

在图 4-3 中，当数据集的整体标注质量只有 80% 的时候，机器学习的训练效果可能只有 30%～40%。随着数据标注质量逐步提高，机器学习的效果也会突飞猛进。当数据标注质量达到 98% 的时候，机器学习的效果为80%，但此时如果数据标注再往上提升，机器学习效果的提升就没有之前那么明显了。

4.2　数据标注质量标准

产品的质量标准是指在产品生产和检验的过程中判定其质量是否合格的根据。对于数据标注行业而言，数据标注的质量标准就是标注的准确性。本节将对图像标注、语音标注、文本标注三种不同的标注方式的质量标准分别进行介绍。

4.2.1　图像标注质量标准

对比人眼所见的图像（如图 4-4 所示）而言，计算机所见的图像只是一堆枯燥的数字，如图 4-5 所示。图像标注就是根据需求将这一堆数字划分区域，让计算机在划分出来的区域中找寻数字的规律。

图 4-4　人眼所见的图像

```
140 111  99 104 107 102 101  95  88 113 141 140 141 140 139 138 139 140 137 139 109  79  78 109 140 137 138 137 137 140 141 143 133
117 106  99  97  95  92 103 110 119 123 129 130 133 136 138 138 138 136 134 137 109  81  85 110 138 137 138 127 127 139 140 145 123
 68  53  57  56  48  62  52  60  73  79 115 119 126 126 129 136 136 134 135 137 108  78  80 108 138 139 131  82  85 117 142 131  99
 72  49  68  67  53  72  62  63  71  59 100  65  91 125 123 123 131 135 134 135 108  78  80 108 138 139 131  82  85 117 142 131  99
 84  49  59  68  53  57  67  52  68  65  80  69  65  78  99 121 120 122 134 136 106  76  80 106 138 128  90  87  85 104 141 104  78
110  59  54  77  64  57  83  55  62  65  69  94  67  66  50  99 127 100 114 136 105  76  80 106 138 128  90  87  85 107 128  83  87
114  73  53  69  70  56  70  66  57  72  59  97  61  76  68  61  94 125  89 115 105  78  80 137 123  88  89  83 105 122  77  75
107  82  57  61  77  61  60  71  56  85  60  94  73  67  80  69  52 104 124  90  95  83  80 106 138 126  90  88  82 105 122  75  86
 85  88  61  61  76  64  57  76  56  90  72  72  85  64  83  66  65  68 118 114  81  83  82 108 138 123  91  88  83  98 113  79  87
 67  79  71  55  66  70  53  74  60  97  87  64 100  59  83  66  81  65  74 128  88  69  90 109 139 116  88  88  85  88  92  80  84
 55  71  77  56  61  76  54  69  67  83 100  58 105  62  82  70  77  76  58 102 127  80  76 108 139 112  87  87  86  88  83  80  74
 58  71  77  59  61  79  57  71  75  72  77  77  77  70  74  65  66 132 111  69  95 133 107  84  84  83  72  74  84  74
 57  56  72  64  61  80  64  71  82  62 130  66  97  84  72  86  65  74  75  68  89 140 101  81 129 109  83  81  78  79  81  92  52
 61  57  73  70  61  78  67  57  81  60 137  74  90  96  67  95  63  95  79 111 112  83  82  77  90 113  84  55
 64  58  70  73  58  73  71  56  79  60 137  79  81 103  64  97  64  80  68  84  72  71 120 139 104  95  82  81  81  79  82  72  67
 67  55  67  74  54  71  73  53  81  63 120  84  74 104  66 100  65  68  65 138 142  89  77  80  84  86  85  89  89
 70  53  66  75  50  67  76  50  79  62 109  87  64 101  66  98  70  88  70  79  79  83  65  79 137 147 104  86  77  71  79  56  77
 71  51  62  77  48  58  75  54  79  65  94  84  67 112  62  82  73  83  91  65  77 137 161 140 121  87  59  61  82
 74  51  59  78  51  62  80  62  97  66  65  84  66 109  63  95  75  87  73  83  91  85  73  63 109 145 144  75  62  83
 76  54  61  81  57  74  80  59  91  69  64  89  66 113  62  99  74  87  75  85  77  82  80  85  92  75  73  76  61  62  70  84
 75  54  61  82  55  65  85  55  82  70  65  82  71  84  85  81  81  83  83  81  83  82  84  79  75  73  69  69  74  85
 76  56  67  83  57  66  85  58  84  72  72  84  71 116  64 125  70  89  75  85  77  87  77  86  85  85  84  79  75  78  78  80  86
 74 111 123  80  61  83  83  60  92  71  71  87  74 123  76 178  74  90  77  64  68  86  83  77  65 138  85  85  89
 67 103 123  76  66 101  79  65  97  62  74  87  78  97  93 176  73  94  76  90  76  61  72  78  86  92  84  85  91  96  91  96 106
 53  49  91  77  69  96  75  70 100  65  79  90  80  94 135 167  92 103  97  98 148 154  81 145 152  91 133 133  93  94  87
 56  56  88 120 186 137  91  87 101  89  93  96  95 122 235 219 111  97  98 104 225 215 106 215 212 106 222 214  91 116 232 172  98
 81  78 100 188 255 179 109 106 105 107 111 116 123 158 234 208 146 141 142 154 204 189 156 244 184 161 228 199 123 199 110
103 112 131 197 225 162 129 127 127 124 122 119 121 119 125 117 108 106 108 118 127 146 149 156 174 178 168 160
110 107 107 111 111  97  89  92  87  95  88 103  94 100  93  93  88  94  99  98 104 111 110 107 109 106 100 109 110 100 113 124
 88  74  87  76  81  83  80  79  87  89  93  91  76  87  89  96  84  96 111 123 140 107 112
 82  49  78  84 114 100  75  64  64  64  64  62  67  76  95 104  74  58  76  67  31  53  52  59  70  81  93  96 104 109 100 103 110
 38  41  48  71 116  89  57  48  53  46  50  47  51  56  61  67  66  60  53  52  53  74  82  98 115 113 117 115
 32  31  37  52  80  67  47  44  40  10  44  43  45  50  58  68  58  54  55  56  63  63  63  64  71  74  75  62  56  58  62  75
```

图 4-5　计算机所见的图像

机器学习训练图像识别是根据像素点进行的，所以对于图像标注的质量标准也是根据像素点位判定，即标注像素点越接近于标注物的边缘像素点，标注的质量就越高，标注难度就越大。由于原始图片质量原因，标注物的边缘可能存在一定数量与实际边缘像素点灰度相似的像素点，这部分像素点对图像标注产生干扰。按照 100% 准确度的图像标注要求，标注像素点与标注物的边缘像素点存在 1 个像素以内的误差。针对不同的图像标注类型需要进行不同的检验方式，下面我们对常用的图像标注方式进行说明。

1. 标框标注

对于标框标注，我们先需要对标注物最边缘像素点进行判断，然后检验标框的四周边框是否与标注物最边缘像素点误差在 1 个像素以内。

如图 4-6 所示，标框标注的上下左右边框均与图中汽车最边缘像素点误差在 1 个像素以内，所以这是一张合格的标框标注图片。

图 4-6　标框标注图片

2．区域标注

与标框标注相比，区域标注质量检验的难度在于区域标注需要对标注物的每一个边缘像素点进行检验。

如图 4-7 所示，区域标注像素点与汽车边缘像素点的误差在 1 个像素以内，所以这是一张合格的区域标注图片。

图 4-7　区域标注图片

在区域标注质量检验中需要特别注意检验转折拐角，因为在图像中转折拐角的边缘像素点噪声最大，最容易产生标注误差。

3．其他图像标注

其他图像标注的质量标准需要结合实际的算法制定，质量检验人员一定要理解算法的标注要求。

4.2.2　语音标注质量标准

语音标注在质量检验时需要在相对安静的独立环境中进行，在语音标注的质量检验中，质检员需要做到眼耳并用，时刻关注语音数据发音的时间轴与标注区域的音标是否相符，如图 4-8 所示，检验每个字的标注是否与语音数据发音的时间轴保持一致。

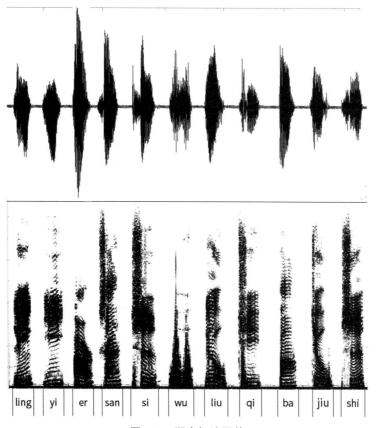

图 4-8　语音标注图片

语音标注的质量标准是标注与发音时间轴误差在 1 个语音帧以内，在日常对话中，字的发音间隔会很短，尤其是在语速比较快的情况下，如果语音标注的误差超过 1 个语音帧，很容易标注到下一个发音，让语音数据集中存在更多噪声，影响最终的机器学习效果。

4.2.3　文本标注质量标准

文本标注是一类较为特殊的标注，它并不单单有基础的标框标注，还需要根据不同需求进行多音字标注、语义标注等。

多音字标注的质量标准就是标注一个字的全部读音，这需要借助字典等专业性工具进行检验。以"和"字为例，"和"有 6 种读音，"和"（he 二声）：和平，"和"（he 四声）：和诗，"和"（hu 二声）：和牌，"和"（huo 二声）：和面，"和"（huo 四声）：和药，"和"（huo 轻声）：暖和，如果加上各地区方言发音，那么"和"可能存在更多读音，所以多音字标注在质量检验时一定要借助专业性工具进行。

语义标注的质量标准是标注词语或语句的语义，在检验中分为 3 种情况：①针对单独词语或语句进行检验；②针对上下文的情景环境进行检验；③针对语音数据中的语音语调进行检验。3 种语义标注检验除了需要借助字典等专业性工具外，还需要理解上下文的情景环境或语音语调的含义。以"东西"为例："他还很小，经常分不清东西"。"西"（xi 一声），这里的"东西"代表方向。"她正走在路上，忽然有什么东西落到了脚边"。"西"（xi 轻声），这里的"东西"代表物品。如果根据上下文情景环境及语音语调不同，"东西"这个词可能还会另带他意。所以对于语义标注检验除了借助专业性工具外，还需要对上下文的情景环境及语音语调进行理解。

4.3　数据标注质量检验方法

质量检验是采用一定检验测试手段和检查方法测定产品的质量特性，一般的产品检验方法分为全样检验和抽样检验，但在数据标注中，会根据实际情况加入实时检验的环节来减少数据标注过程中出现重复的错误问题。本节将对实时检验、全样检验和抽样检验三种质量检验方法进行介绍。

4.3.1　实时检验

实时检验是现场检验和流动检验的一种方式，一般安排在数据标注任务进行过程中，能够及时发现问题并解决问题。一般情况下，一名质检员需要负责实时检验 5～10 名标注员的数据标注工作。

在安排数据标注任务阶段，会将数据标注任务以分组方式完成。一名质检员同 5～10 名标注员分为一组，一个数据标注任务会分配给若干个小组进行完成，质检员会对自己所在小组的标注员的标注方法、熟练度、准确度进行现场实时检验，当标注员操作过程中出现问题，质检员可以及时发现，及时解决。为了使实时检查更有效地进行，除了对数据标注任务划分小组完成外，还需要将数据集进行分段标注，当标注员完成一个阶段的标注任务后，质检员就可以对此阶段的数据标注进行检验。通过将数据集进行分段标注，也可以实时掌握标注任务的工作进度。

如图 4-9 所示，当标注员对分段数据开始标注时，质检员就可以对标注员进行实时检验，当一个阶段的分段数据标注完成后，质检员将对该阶段数据标注结果进行检验，如果标注合格就可以放入该标注员已完成的数据集中，如果发现不合格，则可以立即让标注员进行返工改正标注。

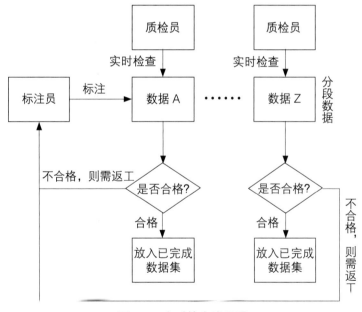

图 4-9 实时检查流程图

如果标注员对标注存在疑问或者不理解的情况，可以由质检员进行现场沟通与指导，及时发现问题并解决问题。如果在后续标注中同样的问题仍然存在，质检员就需要安排该名标注员重新参加数据标注任务培训。

实时检验方法的优点如下。

1）能够及时发现问题并解决问题。

2）能够有效减少标注过程中重复错误的重复出现。

3）能够保证整体标注任务的流畅性。

4）能够实时掌握数据标注的任务进度。

实时检验的缺点如下。

对于人员的配备及管理要求较高。

4.3.2 全样检验

全样检验是数据标注任务完成交付前必不可少的过程，没有经过全样检验的数据标注是无法交付的。全样检验需要质检员对已完成标注的数据集进行集中全样检验，严格按照数据标注的质量标准进行检验，并对整个数据标注任务的合格情况进行判定。

如图 4-10 所示，全样检验是质检员对全部已完成标注的数据集进行全样检验，通过全样检验合格的数据标注存放到已合格数据集中等待交付。而对于不合格的数据标注，需要标注员进行返工改正标注。

全样检验方法的优点如下。

1）能够对数据集做到无遗漏检验。

2）可以对数据集进行准确率评估。

全样检验的缺点如下。

需要耗费大量的人力精力集中进行。

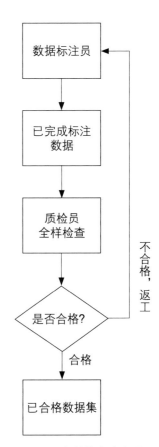

图 4-10　全样检查流程图

4.3.3 抽样检验

抽样检验是产品生产中一种辅助性检验方法。在数据标注中，为了保证数据标注的准确性，会将抽样检验方式进行叠加，形成多重抽样检验方法，此方法可以辅助实时检验或全样检验，以提高数据标注质量检验的准确性。

1. 辅助实时检验

多重抽样检验方法辅助实时检验，多出现在数据标注任务需要采用实时检验方法，但质检员与标注员比例失衡，标注员过多的情况。通过多重抽样检验方法，可以减少质检员对质量相对达标的标注员的实时检验时间，合理地调配质检员的工作重心。

如图 4-11 所示，当标注员完成第一个阶段数据标注任务后，质检员会对其第一阶段标注的数据进行检验，如果标注数据全部合格，就如图中标注员 A 与标注员 B，在第二阶段实时检验时，质检员只需对标注员 A 与标注员 B 标注数据的 50% 进行检验；如果不合格，则如图中标注员 C 与标注员 D，在第二阶段实时检验时质检员仍然需要对标注员 C 与标注员 D 标注的数据进行全样检验。

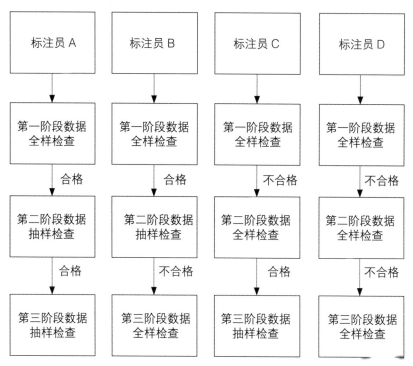

图 4-11　多重抽样检验辅助实时检验

在第二阶段的实时检验中，标注员 A 依然全部合格，则第三阶段实时检验的标注数据较第二阶段再减少 50%。标注员 B 在第二阶段的实时检验中发现存在不合格的标注，则在第三阶段的实时检验中对其标注数据全部检验。标注员 C 在第二阶段的实时检验中全部合格，则第三阶段实时检验的标注数据较第二阶段减少 50%。标注员 D 在第二阶段的实时检验中仍存在不合格的标注，则第三阶段实时检验中对其标注的数据仍需要全部检验，并且可能需要安排标注员 D 重新参加项目的标注培训。

通过多重抽样检查辅助实时检验，可以让质检员重点检验那些合格率低的标注员，而不是将过多精力浪费在检验高合格率标注员的工作上，通过此检验方法能够合理分配质检员的工作重心，让数据标注项目即使在质检员人数不充足的情况下，仍然能够进行实时检验方法。

2. 辅助全样检验

多重抽样检验方法辅助全样检验，是在全样检验完成后的一种补充检验方法，主要作用是减少全样检验中的疏漏，增加数据标注的准确率。

如图 4-12 所示，在全样检验完成后，要对标注员 A 与标注员 B 的标注数据先进行第一轮抽样检验，如果全部检验合格，则如同标注员 A 在第二轮抽样检验中检验的标注数据量较第一轮减少 50%。如果在第一轮抽样检验中发现存在不合格的标注，就如同标注员 B，在第二轮抽样检验中检验的标注数据量较第一轮增加一倍。

在多轮的抽样检验中，如果同一标注员发现有两轮抽样检验存在不合格的标注，则认定此标注员标注的数据集为不合格，需要进行重新全样检验，并对检验完不合格的数据标注进行返工，改正标注。如果标注员没有或只有一轮的抽样检验存在不合格的数据标注，则认定该标注员的数据标注为合格，该标注员只需改正检验中发现的不合格标注即可。

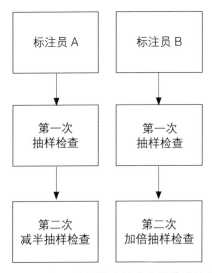

图 4-12　多重抽样检验辅助全样检验流程

多重抽样检验方法的优点如下。

1）能够合理调配质检员的工作重心。

2）有效地弥补其他检验方法的疏漏。

3）提高数据标注质量检验的准确性。

多重抽样检验的缺点如下。

只能辅助其他检验方法，如果单独实施，会出现疏漏。

4.4　作业与练习

1．标框标注的质量标准是什么？根据标框标注的质量标准进行标注与质检。

2．区域标注的质量标准是什么？根据区域标注的质量标准进行标注与质检。

3．语音标注的质量标准是什么？根据语音标注的质量标准进行标注与质检。

4．实时检验方法的流程与优缺点是什么？

5．全样检验方法的流程与优缺点是什么？

6．抽样检验方法怎样配合其他两种检验方法？流程与优缺点分别是什么？

参考文献

［1］约瑟夫·M·朱兰，约瑟夫·A·德费欧. 朱兰质量手册［M］. 焦叔斌，苏强，杨坤，等. 译. 北京：中国人民大学出版社，2014.

［2］菲利浦·克劳士比. 质量免费［M］. 杨钢，林海，译. 山西：山西教育出版社，2011.

［3］菲利浦·克劳士比. 质量无泪［M］. 零缺陷管理中国研究院·克劳士比管理顾问中心，译. 北京：中国财政经济出版社，2005.

［4］刘鹏. 大数据［M］. 北京：电子工业出版社，2017.

［5］刘鹏. 深度学习［M］. 北京：电子工业出版社，2017.

［6］王兰会. 质量管理部规范化管理工具箱［M］. 北京：人民邮电出版社，2010.

［7］山田秀. TQM 全面品质管理［M］. 赵晓明，译. 北京：东方出

版社，2016.

［8］石川馨. 质量管理入门［M］. 刘灯宝，译. 北京：机械工业出版
社，2016.

［9］https://baike.baidu.com/item/%E8%B4%A8%E9%87%8F/1236

［10］https://baike.baidu.com/item/%E8%B4%A8%E9%87%8F%E6%A0%
87%E5%87%86

［11］https://baike.baidu.com/item/%E8%B4%A8%E9%87%8F%E6%A3%
80%E9%AA%8C

［12］https://baike.baidu.com/item/%E8%B4%A8%E9%87%8F%E7%AE%
A1%E7%90%86/5267

［13］https://wenku.baidu.com/view/7d69ae355a8102d276a22f10.html

［14］http://www.ceconline.com/operation/ma/8800071734/01/

［15］https://www.nature.com/articles/s41592-018-0069-0

［16］https://chejiahao.autohome.com.cn/info/2149874/

第 5 章

数据标注管理

在这个人工智能蓬勃发展的时代，人工智能技术已经从实验阶段迈入商业应用阶段，人工智能企业对数据标注的需求日益旺盛，数据标注行业已经呈现爆炸式增长的趋势，从业人员的规模正在不断地扩大，如何做好数据标注各方面的管理工作，已经开始成为行业发展的新问题。本章将从实际出发，对数据标注的工厂设计、管理架构、数据安全管理、质量管理体系、项目评估、订单管理和客户维护这七个方面进行介绍。

5.1 数据标注工厂设计

数据标注工厂存在许许多多职能部门，有的负责商务开发，有的保障工厂日常运作，有的实施数据加工。这些部门需要通过合理的工厂设计，使其在合适的办公环境中进行办公。本节将按数据标注工厂的办公区域划分进行介绍。

1. 商务办公区域

商务办公区域主要用于负责通过商务渠道维护以及接待洽谈数据加工业务。此办公区域内的计算机需要连接互联网，并且需要配备固定电话以便进行商务联系。由于此区域内的计算机能够连接互联网，为了保证数据清洗和数据标注区域内的数据安全，此区域不能够与数据清洗和数据标注区域安排在一起。

2. 综合办公区域

在综合办公区域内主要安排行政、人事、财务等保障工厂日常运作的部门，此区域内的计算机需要根据实际情况连接互联网。由于此区域内的计算机能够连接互联网，为了保证数据清洗和数据标注区域内的数据安全，此区域不能够与数据清洗和数据标注区域安排在一起。

3. 数据采集区域

在数据采集区域主要进行数据采集的相关工作，可以将该区域内的计算机连接互联网数据，从而进行采集工作。由于此区域内的计算机能够连接互联网，为了保证数据清洗和数据标注区域内的数据安全，此区域不能够与数据清洗和数据标注区域安排在一起。

在数据采集区域，为了不让项目与项目之间互相干扰，需要根据项目划分独立办公室进行项目的采集工作。

4. 数据清洗区域

数据清洗区域主要用于原始数据的清洗工作，其中包括原始数据的质量检验和敏感隐私数据的清洗，为了保护该区域内计算机中数据的安全，只能够连接局域网服务器，并且禁止通过外接设备进行拷贝。

数据清洗区域同数据采集区域一样，根据项目划分独立办公室进行项目的清洗工作，不让项目与项目之间互相干扰。

5. 数据标注区域

数据标注区域主要用于数据的标注工作，为了保护该区域内计算机中数据的安全，只能够连接局域网服务器，并且禁止通过外接设备进行拷贝。为了方便管理，数据标注区域需要根据标注方式方法不同，将区域划分为标框标注区、区域标注区、描点标注区、空间标注区、语音标注区、文本标注区，并且对于每个区域内不同的项目，还需划分独立办公室，从而进行项目的标注工作。

需要重点说明以下两个独立标注区域的安排。

1）标框标注区：标框标注在数据标注中属于广泛应用的入门级标注方法，在此区域中主要以实习生为主，需要更多的沟通指导，所以这个区域可以适当放宽对独立办公室的要求。

2）语音标注区：语音标注有别于其他标注方法，需要眼耳并用，注意力高度集中，对于环境要求严格，需要在相对封闭隔音的区域中进行，并且为了减少隔音区域内人员之间的互相干扰，在每个隔音区域内安排的标注员数量也不宜过多。

6. 涉密项目区域

涉密项目根据涉密等级分为秘密、机密和绝密，参与涉密项目的人员必须经过严格的保密培训并且签订《项目保密协议》才能够参与涉密项目。涉密项目人员进入涉密项目区域及使用涉密项目专用计算机必须通过身份验证，并且通过安全检查，禁止携带通讯或电子产品进入。每个涉密项目都有专属的独立办公室，涉密项目人员只能进入其参与项目的独立办公室，非涉密项目人员不得进入涉密项目区域。

涉密项目加工的数据必须在涉密项目专属独立办公室中的涉密计算机上进行，涉密计算机必须连接该涉密项目专属服务器，禁止连接互联网及外接设备拷贝。

在完成交付后，涉密项目所使用的计算机及专属服务器需要进行初始化，清除与涉密项目相关的一切信息。

7. 交流培训区域

在数据加工的每个区域都需要安排交流培训区，在交流培训区需要设立独立办公室或者会议室，并且独立办公室的数量需要根据标注项目的难易程度进行安排，评估越难的标注项目需要安排越多的交流培训办公室，这样在数据加工过程中可以做到及时发现问题，并且解决问题。

根据上述数据标注工厂办公区域划分介绍，可以制作一张简易的数据标注工厂设计平面图，如图 5-1 所示。

5-1　数据标注工厂简易平面图

△ 5.2　数据标注管理架构

　　数据标注是一个需要大量人工参与的工作，所以需要通过合理的管理架构对人员进行管理，以保证工作能有条不紊地进行。本节将介绍数据标注工厂数据加工方向的管理架构。

　　数据标注工厂数据加工从业务性质上可以划分为三个部分：数据采集、数据清洗和数据标注。根据数据加工业务性质不同，还需要针对不同的业务分别设立管理岗位。

　　由于数据采集组主要负责采集工作，设立数据采集组负责人，并根据项目小组划分设立项目小组长。数据采集组负责人负责管理和安排各采集项目小组的工作，项目小组长负责带领组员按照采集任务要求完成数据采集工作。

　　数据清洗组业务模式分为原始数据的质量检验工作以及敏感隐私数据的清洗工作，所以除了设立数据清洗组负责人外，还需要在负责人下面分别设立原始数据质量检验组长以及敏感隐私数据清洗组长，两个组长下面再分别设立项目小组组长。数据清洗组负责人负责管理两个项目组，项目组长负责各自项目小组的工作安排及管理，项目小组长负责带领组员根据任务要求完成数据清洗工作。

　　因为数据标注组标注方法类型比较多，所以需要根据标注方法类型进行管理。为每种类型的数据标注分别设置单项标注负责人，然后再根据项目安排项目组长，因为数据标注项目需要多个项目小组共同参与完成，所以需要在项目组长下面设立项目小组长，因为数据标注项目小组的工作质量是由标注质检员进行检验的，所以一般数据标注项目小组长由质检员担任。数据标注组负责人负责管理所有类型数据标注组，各类型数据标注负责人负责管理旗下各项目组，各项目组长负责各项目小组的工作安排及管理，项目小组长负责带领组员根据数据标注要求完成标注任务。

　　通过将数据加工业务精细化管理可以提升整个数据加工部门的工作效率以及工作质量。数据标注数据加工方向管理架构图如图 5-2 所示。

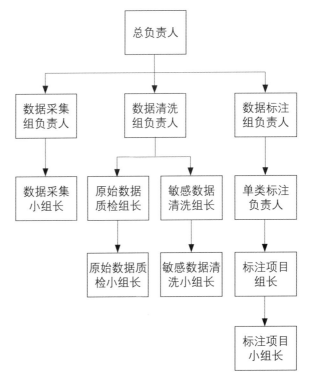

图 5-2　数据标注数据加工方向管理架构图

5.3 数据安全管理与质量管理体系

在数据交易中，数据的安全与数据加工的质量是整个交易中最重要的两个方面，本节将从实际出发对数据存储安全管理要求、工厂人员行为管理、溯源体系建设、质量管理体系建设四个部分进行介绍。

5.3.1 数据存储安全管理要求

在数据标注工厂中，数据是存储在局域网内的服务器上，操作员通过计算机对数据进行加工处理。在数据加工过程中，数据只接触服务器与计算机，所以为了保证数据存储安全，就需要对服务器及计算机制定安全管理要求。

1）数据加工的服务器与计算机禁止连接互联网，禁止通过外接设备进行拷贝。

2）数据加工的服务器需要使用多节点存储系统，这样当发生事故，某些节点上的数据出现损坏时，也能够及时通过数据恢复算法将数据进行恢复。

3）对数据加工的服务器要定期做好容灾备份管理工作，这样遇到突发情况，也能够保证数据不丢失。

做好上述三点要求可以保障数据存储相对安全，最大限度地减少各项损失。

5.3.2　工厂人员行为管理

数据标注工厂为了防止数据泄露，需要对工厂内人员的行为进行管理，这里需要使用视频监控系统以及门禁管理系统。

1. 视频监控系统

标注工厂需要安装视频监控系统对标注工厂内的人员行为进行视频监控，此举可以通过观察工厂内人员的行为，预防工厂人员窃取数据或在数据泄露发生后侦查发现嫌疑人踪迹。

2. 门禁管理系统

通过视频监控系统可以监控工厂内人员的行为，而通过门禁管理系统则可以有效地防止无关人员流窜至项目组内。各项目组必须安装独立的门禁管理系统，对项目办公区域的准入人员进行管理，只有项目的参与者才能够通过身份识别进入项目办公区域进行办公，减少无关人员，可以有效降低数据泄露风险。

5.3.3　溯源体系建设

在发生数据泄露问题后，除了需要及时解决问题，还需要快速找到发生问题的源头。通过建设溯源体系，数据标注工厂可以在问题发生后的第一时间快速找到源头，这对工厂在处理数据泄露问题时起到了关键作用。

溯源体系需要对数据从预处理阶段到最终交付期间所有经手的办公人员都进行记录。当发生数据泄漏后，可以清楚地了解哪些办公人员接触过该数据，并负责哪些环节，这样可以快速锁定调查范围，追查数据泄漏源以及追究责任。

为了更好地建设溯源体系，可以使用智能水印技术对数据标注每个环节进行记录。智能水印是通过算法进行制作并在数据上进行记录，只有在特定算法下才能够识别，肉眼无法察觉。通过智能水印技术可以将数据加工阶段各环节责任人在数据中进行记录，当发生数据泄漏问题后，可以根据智能水印，直接找到泄漏环节与责任人，快速锁定调查范围。

5.3.4 质量管理体系建设

通过将多种数据标注质量检验方法进行组合，建立质量管理体系，可以有效降低出现质量问题的概率。根据数据标注工厂的实际情况，将全样检验与其余质量检验方法进行搭配，构建出符合实际情况的一套质量管理体系，如图 5-3 所示就是一套比较常见的质量管理体系流程图。

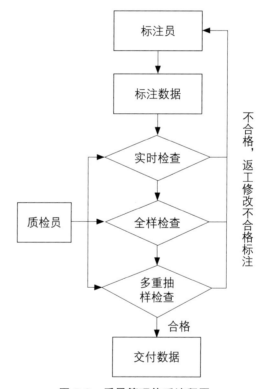

图 5-3 质量管理体系流程图

整套质量管理体系采用了实时检验、全样检验，以及多重抽样检验，只有在三种检验方法均合格后，才能交付数据，如果标注出现不合格情况，都需要进行返工改正，通过此体系，能大大保证数据标注的质量。

5.4 数据标注项目评估

数据标注作为数据交易中的商品，需要有其明确的价格。本节将介绍如何对数据标注项目进行评估定价。

数据标注项目评估流程如图 5-4 所示，以图像标注为例，当接到数据标注项目后，需要先对项目的验收标准进行沟通确认，一般会先用 10 张图片进行标注，然后沟通验收标准。

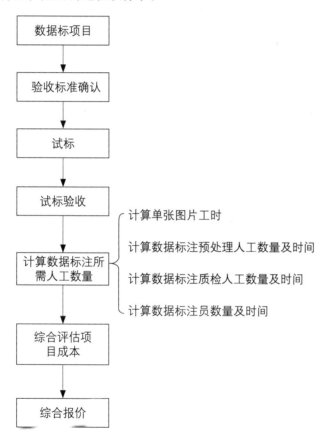

图 5-4　数据标注项目评估流程

当验收标准确认后，需要选择 5~10 名熟练的标注员，每人进行 10 张左右的数据标注，按照验收标准进行质量检验并验收。

试标的主要目的是通过对熟练标注员的标注耗时评估整个数据标注项目的难易程度。在试标验收后，可以根据试标用时，先计算单张图片的标注时长，然后根据项目的数据总量以及交付时间，计算数据预处理（数据采集、数据清洗）人员数量及所需时间、项目质量检验人员数量及所需时间和标注员数量及所需时间。通过人员数量及操作时间预估可以计算出整个项目的人工成本与生产成本，参考人工成本与生产成本，可以得出标注项目整体报价。

5.5 数据标注订单管理

在接到数据标注项目订单后，为了更好地保证订单及时交付，需要对订单的实施进度进行管理。首先需要确认该项目负责人，然后根据项目评估报告将任务分配给相关数据加工小组，并根据任务时间要求计算每日任务指标。参与项目的数据加工小组由小组长根据被分配任务量进行组员任务的分配，并由小组长负责小组组员任务进度管理。

每日各任务小组的小组长需掌握组员当日任务完成情况，经过统计后计算出小组当日完成效率。项目负责人将各小组的完成效率进行汇总即可得出整个项目的完成效率。项目负责人可以通过各小组完成效率了解是哪些小组出了问题导致任务进度落后，通过进度管理能够及时发现问题并解决问题，从而保证项目进度。订单管理流程如图 5-5 所示。

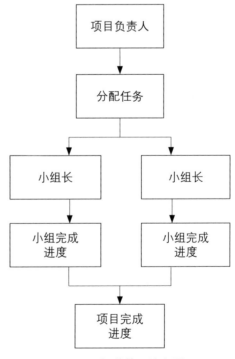

图 5-5 订单管理流程图

5.6　数据标注客户关系管理

在市场销售中，如何从模糊的客户群体中锁定意向客户，并有效地满足客户的需求？这里需要用到客户关系管理，客户关系管理是指通过有目的性的交流互动，理解客户的想法，影响客户的行为，从而实现有效维护客户的目的。数据标注工厂想要成功实施客户关系管理需要做好以下工作。

1. 确立业务计划

数据标注工厂在考虑实施客户关系管理方案前，首先需要确定通过客户关系管理需要实现的目标，例如提高客户满意度、缩短数据标注业务周期以及增加数据标注业务订单等。数据标注工厂需要明确了解实施客户关系管理后能为工厂带来什么。

2. 组建客户关系管理团队

为了成功地实施客户关系管理，数据标注工厂还需要根据不同的目标组建相应的客户关系管理团队，根据不同团队的目标，理解不同目标在执行过程中客户的需求，分析规划自身具体的业务流程。

3. 客户信息管理

要让客户关系管理产生效果，还需要做好客户信息的管理工作，将客户信息汇总，制作成客户资料卡。

1）基础资料：主要包括客户的名称、地址、电话、与公司交易时间、企业组织形式、资产、业务领域、发展潜力、经营观念、经营方向、经营政策、企业规模、经营特点等。

2）经营现状：主要包括业绩、人员素质、与其他竞争者的关系、与本公司的业务关系及合作态度、存在的问题、保持的优势、未来的对策、企业形象、声誉、信用状况、条件以及出现的信用问题等方面。

客户资料卡是客户关系管理人员了解市场的重要工具之一。通过客户资料卡，客户关系管理人员可以了解客户的实时情况，从中看到客户的经营动态。这样根据客户资料卡，就可以对市场的实时动态做出判断并采取相应的客户关系管理行动。

4. 客户关系管理的分析

客户关系管理，不只是单一的对客户资料进行收集，还需要根据资料全方位地对客户进行分析，具体包括与本公司交易状况分析、分析客户等级、客户信用调查分析等。例如你有一位大客户，每年的数据标注业务订单数量极为庞大。那么，你就必须派遣业务能力强、沟通能力好的业务人员，使用灵活的客户关系管理行动，通过拜访、电话问候等方式与他保持联系，同时还需要与他公司相关重要人员保持联系，以便及时了解大客户公司的相关情况，从而更新客户资料卡。同时你还须定期组织业务人员开会，了解目前客户关系管理的进展情况，这样才能够不让客户轻易流失。

优秀的客户关系管理可以为工厂带来更多的业务，创造更大的价值，使工厂在市场竞争中更具优势。

5.7   作业与练习

1. 请画出数据标注工厂简易平面图。
2. 请简述数据标注工厂管理架构。
3. 请简述数据标注工厂溯源体系。
4. 请简述数据标注项目评估流程。
5. 请简述数据标注订单管理流程。
6. 请简述数据标注客户关系管理工作内容。

参考文献

［1］蒋明炜. 机械制造业智能工厂规划设计［M］. 北京：机械工业出版社，2017.

［2］王兰会. 质量管理部规范化管理工具箱［M］. 北京：人民邮电出版社，2010.

［3］苏朝晖. 客户关系管理：建立、维护与挽救［M］. 北京：人民邮电出版社，2016.

［4］刘鹏. 大数据［M］. 北京：电子工业出版社，2017.

［5］刘鹏. 深度学习［M］. 北京：电子工业出版社，2017.

［6］石川馨. 质量管理入门［M］. 刘灯宝，译. 北京：机械工业出版
　　社，2016.

［7］https://wenku.baidu.com/view/98c2d6ed16fc700aba68fced.html

［8］https://baike.baidu.com/item/%E6%95%B0%E6%8D%AE%E5%AD%
　　98%E5%82%A8%E5%AE%89%E5%85%A8/9993308

［9］http://www.docin.com/p−178534081.html

［10］https://max.book118.com/html/2015/0624/19700364.shtm

第 6 章

数据标注应用

人工智能的出现为人类的生活带来了翻天覆地的变化，经过近年来的不断发展，人工智能已经在各个应用领域取得了许多突破性的成果，而这些成果离不开用于哺育人工智能的数据标注。目前数据标注的应用已经涵盖了交通、安防、家居、医疗等各行各业，不同的行业也衍生出各种不同的数据标注需求，这些需求对人工智能的发展起到了关键作用。本章将根据自动驾驶、智能安防、智能家居、智能医疗 4 种典型的行业应用，介绍数据标注是如何参与其中的。

6.1　自动驾驶

自动驾驶是汽车行业当下最热门的技术之一，主要是通过人工智能技术让汽车在没有人类驾驶员操纵的情况下，由计算机控制汽车上路行驶。自动驾驶发展至今已有近十年的历史，目前已经进入上路测试阶段。本节将按照自动驾驶的发展、应用的标注种类进行介绍。

6.1.1　自动驾驶的发展

2009 年，谷歌公司自动驾驶汽车雏形的图片被曝光（如图 6-1 所示），这预示着自动驾驶的研发正式拉开帷幕。

图 6-1　自动驾驶汽车的雏形图片

2010 年 10 月 9 日，谷歌公司官方宣布，自动驾驶汽车正在研发。

2011 年 10 月，谷歌公司的自动驾驶汽车在莫哈韦沙漠进行测试。同年，美国首次将自动驾驶车辆上路立法。

2012 年 4 月，谷歌公司测试的自动驾驶汽车已经行驶 20 万千米，接近强制报废。

2012 年 5 月 7 日，谷歌公司在美国获得首个允许自动驾驶车辆上路的许可证。

2014 年 4 月，百度公司与宝马公司开始合作研究自动驾驶汽车，原型车将于 2015 年在北京和上海进行路测。

2014 年 12 月中下旬，谷歌公司首次将可以运行自动驾驶全部功能的原型车成品进行展示。

2015 年 5 月，谷歌公司的自动驾驶汽车将在加利福尼亚州进行路测。

2017 年 12 月 2 日，深圳试运行自动驾驶客运汽车——阿尔法巴（Alphabus）（如图 6-2 所示）。

图 6-2 自动驾驶客运巴士——阿尔法巴（Alphabus）

2017 年 12 月，北京发布了自动驾驶路测《指导意见》与《实施细则》。

2018 年 3 月 22 日，百度公司在北京获得首批 5 张 T3 级别自动驾驶路测号牌，这也是中国目前颁发的中国自动驾驶路测最高级别的牌照。

著名咨询机构环球透视（IHS）曾经预测，2025 年全世界自动驾驶汽车的总销量会接近 23 万辆，到 2035 年这个数量会增长到 1180 万辆，而全世界自动驾驶汽车保有量会接近 5400 万辆，到 2050 年之后，世界上几乎所有的汽车都会使用自动驾驶技术，如果自动驾驶技术足够成熟，人类很有可能将会被禁止驾驶汽车。

6.1.2 自动驾驶的 9 种数据标注

从 2009 年谷歌公司自动驾驶汽车雏形的图片被曝光开始到 2018 年，自动驾驶技术已经发展到路测阶段，衍生出的标注种类也越来越多，要求也越来越高，本节将对自动驾驶应用的 9 种数据标注用途进行介绍。

1. 车道线标注

车道线标注是一种对道路地面标线进行的综合标注，标注包括了区域标注、分类标注以及语义标注，应用于训练自动驾驶根据车道规则进行行驶。

如图 6-3 所示，在一张道路图片中，将地面上的左转箭头与双黄线均进行了区域标注，且分别进行了分类标注及语义标注。直行箭头，分类：道路指引，语义：该车道允许车辆直行；直行左转箭头，分类：道路指引，语义：该车道允许车辆直行、左转；白实线，分类：车道划分，语义：禁止车辆变道行驶。

图 6-3 车道线标注

2. 2D 车辆 / 行人标框标注

2D 车辆 / 行人标框标注在自动驾驶中是最基础也是应用最广的一种标注方式，主要应用于对车辆与行人的基础识别。如图 6-4 所示，在一张道路图片中，将车辆与行人进行了标框标注。

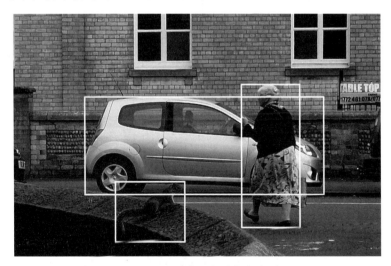

图 6-4 2D 车辆 / 行人标框标注

3. 车辆多边形标注

车辆多边形标注是对车辆进行区域标注以及分类标注，主要应用于对车辆类型的识别，例如面包车、卡车、大客车、小轿车等，训练自动驾驶在道路行驶时选择性跟车或者变道操作。

如图 6-5 所示，在一张道路图片中使用车辆多边形标注将面包车标注了出来，并且将面包车分类为"速度慢，不适合跟车"，这样当自动驾驶识别前方车辆为面包车时，会选择性进行变道行驶。

图 6-5　车辆多边形标注

4. 指示牌 / 信号灯标注

指示牌 / 信号灯标注是一种对道路悬挂指示牌 / 信号灯进行的综合标注，标注包括区域标注、分类标注以及语义标注，应用于训练自动驾驶根据交通规则进行行驶。

如图 6-6 所示，在一张路口图片中，将指示牌与信号灯进行了区域标注、分类标注以及语义标注，自动驾驶通过学习图中的标注信息可以知道，现在是直行红灯，禁止车辆直行，此路段最高限速 50 km/h，禁止车辆左转。

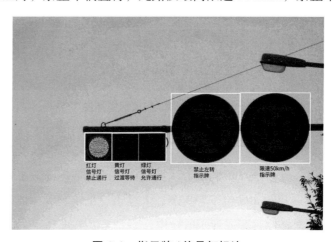

图 6-6　指示牌 / 信号灯标注

5. 区域分割标注

区域分割标注是一种对道路区域进行的综合标注，标注包括了区域标注、分类标注以及语义标注，应用于训练自动驾驶根据交通规则进行行驶。

如图 6-7 所示，一张道路图片被划分为很多区域，根据条件的不同，区域所代表的含义也不同。例如人行横道线，通过标注信息可以让自动驾驶了解，此区域是行人通行区域，但是需要在汽车直行和左转信号灯均为红灯时行人才能通过；禁止线，通过标注信息可以让自动驾驶了解，当所在车道对应信号灯为红灯时，需要在车道停止线前停车。

6-7　区域分割标注

6. 行进方向标注

行进方向标注是一种对标注物前进方向的预判性标注，需进行标框标注及方向预判标注，应用于训练自动驾驶判断行人或车辆前进方向，规避行人或车辆。如图 6-8 所示，在一张道路图片中，将行人进行了标框标注，并根据行人面对方向进行了行进方向的预判性标注。

图 6-8　行进方向标注

7. 3D 雷达标注

3D 雷达标注是根据镜头反求原理，将视频场景模拟成 3D 图像，通过 3D 图像标注出标注物的位置及大小。3D 雷达标注主要应用在自动驾驶虚拟现实（VR）训练场景的搭建。如图 6-9 所示，在一个镜头反求后的 3D 场景中，标注出了行人与车辆的位置及大小。

图 6-9   3D 雷达标注

8. 3D 车辆标注

3D 车辆标注是将 2D 图片中的车辆进行 3D 标注，主要应用于训练自动驾驶对会车或超车车辆的体积判断。如图 6-10 所示，在一张 2D 行驶图片中，利用 3D 标注，标注出了车辆的体积大小。

图 6-10   3D 车辆标注

9. 视频跟踪标注

视频跟踪标注是将视频数据按照图片帧抓取进行标框标注，标注后的图片帧按照顺序重新组合成视频数据训练自动驾驶。视频跟踪标注主要是用于训练自动驾驶对识别目标的移动跟踪能力，让自动驾驶在移动过程中更好地识别目标。如图 6-11 所示，在一张从视频中抽取的图片帧中，将行人与车辆进行了标框标注。

图 6-11　视频跟踪标注

6.2　智能安防

安防是"安全防范"的缩写，其定义是通过防范的手段，保护人身财产安全。如今社会经济持续飞速增长，无论城市管理还是个人对安全的概念越来越重视，通过人防保安的方式来保护人身财产安全已经不能满足社会的要求，智能安防成了大势所趋。本节将按照智能安防的发展分析和应用的标注种类进行介绍。

6.2.1　智能安防的发展分析

经济的飞速发展为城市带来了大量的流动人口，给城市社会治安提出了不少新的难题。随着人工智能的发展，国内外先进的科学技术已经开始越来越普遍的应用，智能安防也已经成为传统安防企业新的转型升级方向，市场规模越来越大，预计 2020 年中国智能安防行业市场规模将突破千亿元。

智能安防系统存在三个细分市场，分别是门禁系统、防盗报警系统以及视频监控系统。据统计，2017 年中国门禁系统市场规模已经接近 170 亿元，如图 6-12 所示。

图 6-12　中国门禁系统市场规模增长趋势

据统计，中国防盗报警系统的年销售总额正以年均 30% ~ 60% 的幅度快速增长。如图 6-13 所示，2016 年防盗报警系统的市场规模在 180 亿元左右，2017 年已经超过 200 亿元。

图 6-13　中国防盗报警系统市场规模增长趋势

据统计，中国的视频监控系统的发展速度已经超过全球其他地区。如图 6-14 所示，2012—2016 年中国视频监控系统市场规模年均增长保持在 15% 以上，2017 年市场规模更是突破了 2 000 亿元。

图 6-14　中国视频监控系统市场规模增长趋势

根据统计分析，视频监控系统的市场份额在智能安防系统中占比相对较大，但是随着科学技术的不断发展，未来的格局可能会发生变化。

6.2.2　智能安防的 5 种数据标注

从智能安防的发展分析可以了解到，智能安防系统存在三大细分市场，其中视频监控市场份额是最大的。本节将对视频监控应用的 5 种数据标注用途进行介绍。

1．人脸标注

人脸标注是一个应用广泛并且在不断发展的数据标注，在智能安防中，主要应用于人脸识别与身份识别。最初的人脸标注是通过对人脸进行标框标注，训练人工智能进行人脸判定，后期伴随着人脸识别算法技术的发展，开始使用描点标注，训练人工智能进行人脸识别，如今描点标注已从简单的 29 点发展到了超过 108 点。如图 6-15 所示，在一张人像图片中，除了对人脸进行了标框标注，还进行了描点标注。

图 6-15　人脸标注

2．表情分析

表情分析是一种分类标注，在机器学习时，需要配合人脸标注进行。在智能安防中，表情分析是智能安防系统从被动防御向主动预警发展的关键技术。通过观察一个人的表情，可以在一定程度上分析出其接下来的行为，例如吵架的人表情会愤怒，想轻生的人表情会悲伤，偷盗的人表情会紧张等。

如图 6-16 所示，A 图中的人物表情为愤怒，B 图中的人物表情为开心，C 图中的人物表情是悲伤。由于表情分析在标注时会存在主观因素，所以这一类标注还没有得到广泛的应用。

图 6-16　表情分析

3. 行人标注

行人标注是对行人进行标框标注，主要应用于进出人数的统计，一般在商场、超市、市中心、车站、学校、工厂等人员容易密集的场所需要通过进出人数的统计来判断容纳人员是否已经饱和，可以有效地防范因为人员过于密集而造成危险。如图 6-17 所示，在一张工厂区域图片中，对行人进行了标框标注。

图 6-17　行人标注

4．行为标注

行为标注是对特定行为进行区域标注和分类标注，主要应用于对危险行为的监控，例如打架、晕倒、车祸、轻生、偷盗等，视频监控系统识别出危险行为后，可以及时报警。如图 6-18 所示，在一张路口图片中，将两个正在打架的人进行了标注。

图 6-18　行为标注

5．物品标注

物品标注是将物品进行标框标注及分类标注。在智能安防中，物品标注需要和行为标注结合，例如在图 6-19 中，一个人手持一根棍子准备砸汽车玻璃，此时需要标注这根棍子是凶器。

图 6-19　物品标注

6.3 智能医疗

由于各方面的原因，促使人们越来越注重自身的健康，如今传统的医疗服务已经不能够满足现代人的要求，智能医疗应运而生。智能医疗是借助人工智能技术解决由于医疗资源不均衡，导致的看病难、医患关系紧张、医疗事故频发等现象。本节将按照智能医疗的发展、应用的标注种类进行介绍。

6.3.1 智能医疗的发展

智能医疗的发展目前分为 7 个阶段来实现：

（1）业务管理自动化，包括在医院建立医疗收费和药品进出库管理系统；

（2）电子病历建设，包括病人基本信息、既往病史，医疗影像等；

（3）临床医疗信息化，包括医嘱录入计算机等；

（4）慢性疾病系统管理；

（5）医疗信息互通；

（6）临床医疗诊断；

（7）全民健康系统管理。

早在 2004 年，美国就采用了新生儿管理系统，来保证新生儿及儿科病人的安全。而中国目前仍处在第（1）和第（2）阶段，并且正在向第（3）阶段发展，如果要从第（2）阶段发展到第（5）阶段，中国还是有很多方面需要改善。目前中国在远程智能医疗方面发展比较迅速，很多医院已经走到了前面。比如通过移动应用将病人的诊疗信息实时记录与互通，这对实施远程医疗、专家会诊、医院转诊等起到了重要作用。

6.3.2 智能医疗应用的 4 种数据标注

1. 病历文本标注

病历文本标注是对病历信息进行文本标框标注，通过对病历内容的文本转录实现电子病历系统建立。如图 6-20 所示，在一张病历图片中，对病历内容进行文本标注。

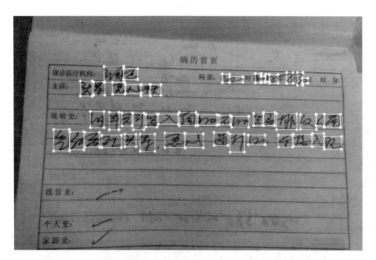

图 6-20　病历文本标注

2. 人体标框标注

人体标框标注是根据人体不同部位进行标框标注，多应用于远程医疗外伤诊断。如图 6-21 所示，在一张人体图片中，对人体各部位进行了标框标注。

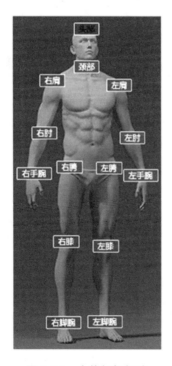

图 6-21　人体标框标注

3. 骨骼点标注

骨骼点标注是将人体运动的关节点进行描点标注，多应用于建立健康档案。人工智能通过对骨骼点标注的学习，可以快速锁定病灶关节。如图 6-22 所示，在一张人体运动图片中，对人体关节进行了描点标注。

图 6-22　骨骼点标注

4. 医疗影像标注

医疗影像标注是对医疗影像进行区域标注及分类标注，多应用于辅助临床诊断。人工智能通过学习大量的医疗影像标注数据集，将会很好地辅助医生进行临床诊断以及提出治疗方案。但由于高质量的医疗影像标注的匮乏，目前通过人工智能技术进行医疗诊断还不成熟，所以目前还处于辅助诊断阶段。如图 6-23 所示，在一张手掌的医疗影像中，对手掌骨骼进行了区域标注。

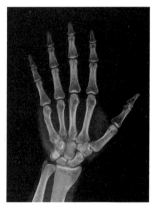

图 6-23　医疗影像标注

6.4　作业与练习

1. 本章介绍的自动驾驶标注有几种，分别介绍这几种标注的用途。
2. 本章介绍的智能安防标注有几种，分别介绍这几种标注的用途。

3. 本章介绍的智能医疗标注有几种，分别介绍这几种标注的用途。

参考文献

［1］刘鹏. 深度学习［M］. 北京：电子工业出版社，2017.

［2］https://baike.baidu.com/item/%E8%87%AA%E5%8A%A8%E9%A9%BE%E9%A9%B6%E6%B1%BD%E8%BD%A6

［3］http://auto.mop.com/a/180411154440240-5.html

［4］https://baike.baidu.com/item/%E5%AE%89%E9%98%B2/412165

［5］https://baike.baidu.com/item/%E6%99%BA%E8%83%BD%E5%AE%89%E9%98%B2/3150607

［6］http://finance.eastmoney.com/news/1355,20180904939550481.html

［7］https://baike.baidu.com/item/%E6%99%BA%E8%83%BD%E5%8C%BB%E7%96%97

［8］https://max.book118.com/html/2017/0630/119119095.shtm

［9］http://www.afzhan.com/news/detail/64619.html

［10］http://www.afzhan.com/news/Detail/54999.html

［11］http://www.afzhan.com/news/detail/65307.html

［12］http://www.qianjia.com/html/2018-01/15_282481.html

［13］http://www.chyxx.com/industry/201707/542435.html

［14］http://finance.eastmoney.com/news/1355,20180903938855547.html

第 7 章

数据标注实战

数据标注是一项熟能生巧的工作，需要通过大量的实战练习，才能够熟练掌握这门技术，并且更为精准地标注数据。本章将分别对车牌图像、人像、医疗影像、遥感影像进行数据标注实战介绍，涵盖了标框标注、分类标注、描点标注以及区域多边形标注，通过这四个项目实战大家可以进行大量的数据标注练习。

7.1 实战环境搭建

本章数据标注实战需要使用图形图像标注工具 LabelImg 和 Labelme，这两种工具都是用 Python 语言编写，并使用 Qt 的图形界面。本章实战使用的操作系统是 Windows 7 的 64 位系统，标注工具的安装环境是 Python 2.7+PyQt 4，使用的标注工具是 LabelImg 和 Labelme。本节将对标注工具安装环境搭建、标注工具的安装与使用方法进行介绍。

7.1.1 标注工具安装环境搭建

标注工具的环境采用 Python2.7+PyQt4。

Python2.7 的下载地址为 https://www.python.org/downloads/release/python-2713rc1/。

PyQt4 的下载地址为 https://www.lfd.uci.edu/~gohlke/pythonlibs/#pyqt4。

使用版本为 PyQt4-4.11.4-cp27-cp27m-win_amd64.whl。

1. 安装 Python2.7

（1）打开 Python2.7 的安装程序，如图 7-1 所示。

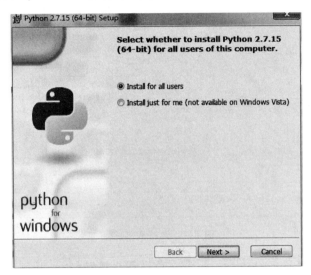

图 7-1 Python2.7 的安装界面

（2）单击 Next 按钮进入下一步安装界面，如图 7-2 所示。

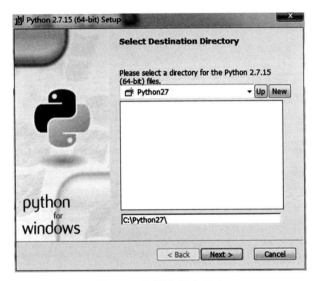

图 7-2 选择安装文件夹

（3）Python 2.7 默认的安装地址为 C:\Python27\，也可以根据需求修改安装路径，安装路径确认后，单击 Next 按钮，进入下一步安装界面，如图 7-3 所示。

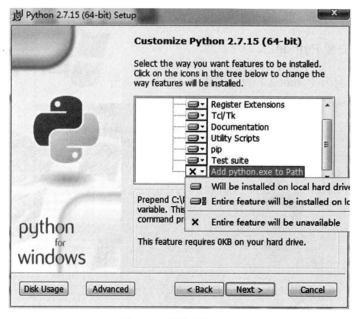

图 7-3　选择安装内容

（4）选择安装内容比较关键，"Add python.exe to Path"这个选项默认是不安装的，但是在后期需要使用到，所以在"Add python.exe to Path"中选择"Will be installed on local hard driver"选项进行安装，如图 7-4 所示。然后单击 Next 按钮进入下一步安装界面，如图 7-5 所示。

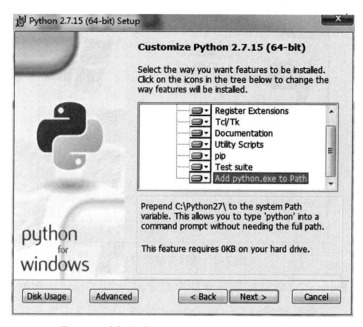

图 7-4　选择安装"Add python.exe to Path"

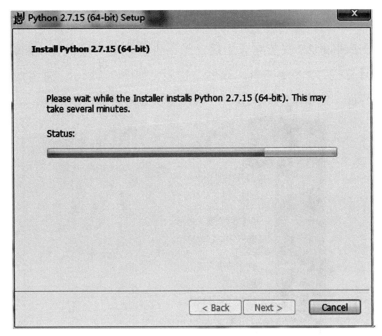

图 7-5 安装进度

（5）安装完成之后进入 Python 2.7 安装完成界面，如图 7-6 所示。

图 7-6 安装完成界面

2. 环境变量设置

（1）Python 2.7 安装完成之后，需要进行环境变量设置才能够使用。右击"计算机"图标，选择"属性"选项，如图 7-7 所示。进入计算机系统管理界面，如图 7-8 所示。

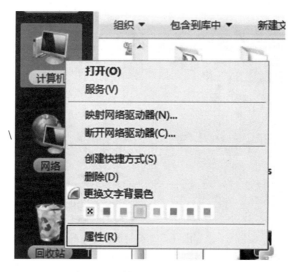

图 7-7 右击"计算机"图标，打开快捷菜单

图 7-8 计算机系统界面

（2）选择"高级系统设置"选项，进入"系统属性"对话框，选择"高级"选项卡，如图 7-9 所示。

图 7-9　"高级"选项卡

（3）在"高级"选项卡中单击"环境变量"，进入"环境变量"对话框，如图 7-10 所示。

图 7-10　环境变量对话框

（4）在"环境变量"对话框中的"系统变量"中找到"Path"变量，双击进入"编辑系统变量"对话框，如图 7-11 所示。

图 7-11 "编辑系统变量"对话框

（5）如果在安装 Python 2.7 时，选择安装了"Add python.exe to Path"，那么在变量 Path 的变量值中就会出现路径 C:\Python27\ 以及 C:\Python27\Scripts。如果变量 Path 的变量值中没有出现路径 C:\Python27\ 以及 C:\Python27\Scripts，需要进行手动添加，需要注意的是，每个路径之间需要使用半角分号";"隔开，设置好后单击"确定"按钮。

（6）按 Win+R 组合键打开"运行"对话框，如图 7-12 所示，输入 cmd，单击"确定"按钮，进入命令窗口，如图 7-13 所示，输入"python"命令，查看 python 能否正常使用，如果不能正常使用，请检查 Python 2.7 的环境变量设置以及 Python 2.7 的程序安装步骤。

图 7-12 "运行"对话框

图 7-13 在命令窗口执行"python"命令

3. 安装 PyQt4 与 lxml

（1）将下载的 PyQt4-4.11.4-cp27-cp27m-win_amd64.whl 文件放在 Python 2.7 的文件夹中。在键盘上按住 Shift 键并右击 Python 2.7 空白处，如图 7-14 所示，选择"在此处打开命令窗口"选项。

图 7-14 在 Python 2.7 文件夹中按 Shift 键并右击空白处

（2）打开命令窗口，输入如下命令：

pip install PyQt4-4.11.4-cp27-cp27m-win_amd64.whl

（3）如图 7-15 所示，执行 PyQt 4 的安装，当光标再次显示时，说明 PyQt 4 已经安装完成。

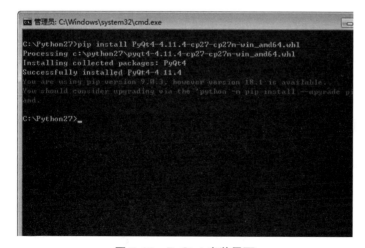

图 7-15 PyQt 4 安装界面

（4）在命令窗口中继续输入命令"pip install lxml"，执行 lxml 的安装，如图 7-16 所示。当 lxml 安装完成，Python 2.7+PyQt 4 的实战环境已经搭建完成。下面将介绍 LabelImg 与 Labelme 标注工具的安装与使用方法。

图 7-16　lxml 安装界面

7.1.2　LabelImg 标框标注工具的使用方法

LabelImg 是一款标框标注工具，通过创建矩形框及标签属性标注相应区域内容，得到标注信息是矩形框的位置大小和标签属性的 XML 文件，机器学习通过读取对应图片的 XML 标注文件，能够快速获取该图片的矩形框位置大小和标签属性，抓取矩形框内图像内容进行学习。

LabelImg 工具下载地址为 https://github.com/tzutalin/labelImg。

1. LabelImg 标框标注工具的运行方法

LabelImg 标框标注工具无须安装，下载并解压 LabelImg.rar 文件得到 labelImg-master 文件夹，打开 labelImg-master 文件夹，如图 7-17 所示。

图 7-17　labelImg-master 文件夹

　　运行 LabelImg 标框标注工具有两种方法，第一种方法是找到 labelImg.
py 文件，并右击，选择 Edit with IDLE 选项，如图 7-18 所示。

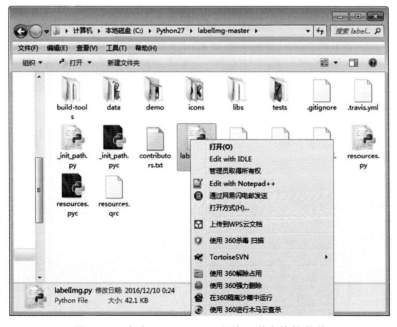

图 7-18　右击 labelImg.py 文件，弹出快捷菜单

labelImg.py 文件的内容如图 7-19 所示。

图 7-19 labelImg.py 文件内容

在键盘上按 F5 键，运行 labelImg.py 文件，弹出运行界面（如图 7-20 所示）以及 LabelImg 标框标注工具操作界面（如图 7-21 所示）。

图 7-20 labelImg.py 运行界面

图 7-21　LabelImg 标框标注工具操作界面

LabelImg 标框标注工具的第二种运行方法比较简单，按住 Shift 键并右击 labelImg-master 文件夹空白处，在弹出的快捷菜单中选择"在此处打开命令窗口"选项，如图 7-22 所示。

图 7-22　在 labelImg-master 文件夹中按 Shift 键并右击空白处

在命令窗口中输入"python labelImg.py"，如图 7-23 所示，直接运行 LabelImg 标框标注工具。

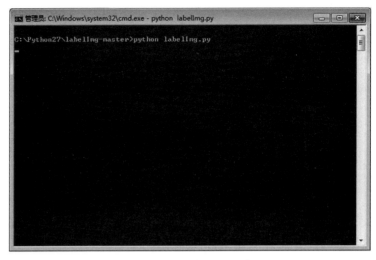

图 7-23　命令窗口图片

2. LabelImg 标框标注工具常用区域及快捷键介绍

LabelImg 标框标注工具左侧区域按钮的中英文对照表如图 7-24 所示。

图 7-24　LabelImg 标框标注工具左侧区域按钮的中英文对照表

LabelImg 标框标注工具右侧区域如图 7-25 所示，Box Labels 是标框列表，File List 是文件夹中的图片列表。

图 7-25　LabelImg 标框标注工具右侧区域

通过选择 Box Labels 中的标框，单击 Edit Label 按钮可以对标框属性和名称进行修改，如图 7-26 所示。

图 7-26　标框属性修改

在 LabelImg 标框标注工具中，标框的属性需要通过修改文件内容进行定义。标框属性的修改工具使用的是 Notepad++。

Notepad++ 的下载地址为 https://notepad-plus-plus.org/。

打开 labelImg-master 文件夹中的 data 文件夹，右击 predefined_classes.txt 文件，打开快捷菜单如图 7-27 所示。选择 Edit with Notepad++，打开 Notepad++ 程序，如图 7-28 所示。

图 7-27 在 data 文件夹中右击 predefined_classes.txt 文件，打开快捷菜单

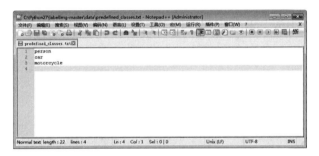

图 7-28 使用 Notepad++ 编辑 predefined_classes.txt 文件

编辑完成后保存，这样就完成了对标框属性的修改，在 LabelImg 标框标注工具中可以使用新的标框属性对标框进行编辑。

想要熟练掌握 LabelImg 标框标注工具，对快捷键的掌握也是非常有必要的，LabelImg 标框标注工具的快捷键信息如图 7-29 所示。

快 捷 键	注 释
Ctrl+U	加载目录中的所有图像，与用鼠标单击 Open dir 功能相同
Ctrl+R	更改默认注释目标目录（xml 文件保存的地址）
Ctrl+S	保存
Ctrl+D	复制当前标签和矩形框
Space	将当前图像标记为已验证
W	创建一个矩形框
D	下一张图片
A	上一张图片
Delete	删除选定的矩形框
Ctrl++	放大
Ctrl--	缩小
↑ → ↓ ←	用键盘箭头移动选定的矩形框

图 7-29 LabelImg 标框标注工具的快捷键信息

3. LabelImg 标框标注工具的使用方法

（1）打开 LabelImg 标框标注工具，选择 Open dir 打开图片文件夹，如图 7-30 所示。

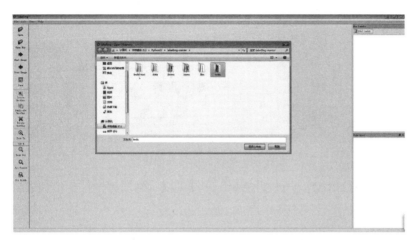

图 7-30　用 LabelImg 标框标注工具打开图片文件夹

（2）选择 Create RectBox 创建标框，对人脸进行标框标注，如图 7-31 所示。

图 7-31　对人脸进行标框标注

（3）标注好图像之后，单击 Save 按钮进行保存，保存格式为 XML 文件，名称需要与标注图片保持一致，如图 7-32 所示。如果需要修改 XML 文件保存的默认路径，可以使用快捷键 Ctrl+R，改为自定义位置，但路径不能包含中文，否则无法保存。

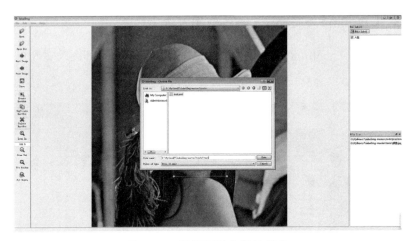

图 7-32　标框标注文件的保存

（4）使用 Notepad++ 打开 XML 文件可以看到图像中标框的位置信息，如图 7-33 所示。

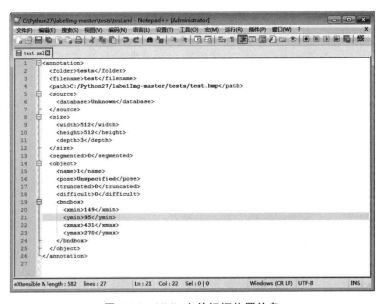

图 7-33　XML 文件标框位置信息

7.1.3　Labelme 工具的安装与使用方法

Labelme 是一款多边形区域标注工具，可以用来标注不同形状的内容，通过选择标注物转折位置产生闭合的多边形区域，并定义区域标签属性，最终得到含有多层区域标注信息和位图信息的 JSON 文件，通过解析 JSON 文件获得可以被用来机器学习的内容。

Labelme 工具的下载地址为 https://github.com/wkentaro/labelme。

（1）下载 Labelme 后需要进行安装，才能够运行使用。打开文件夹 labelme-master，按住 Shift 键并右击文件夹空白处，在弹出的快捷菜单中（如图 7-34 所示），选择"在此处打开命令窗口"选项。

图 7-34　labelme-master 文件夹

（2）在命令窗口中输入 pip install labelme，执行 Labelme 安装，如图 7-35 所示，等待 Labelme 安装完毕。

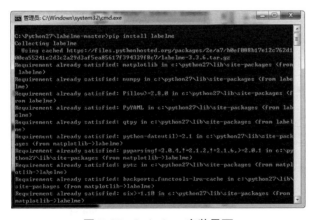

图 7-35　Labelme 安装界面

（3）Labelme 安装完成后，在命令窗口中输入 labelme，如图 7-36 所示，启动 Labelme 多边形区域标注工具，Labelme 标注工具界面如图 7-37 所示。

图 7-36 在命令窗口输入 labelme

图 7-37 Labelme 操作界面

Labelme 多边形区域标注工具操作界面左侧按键的中文对照表如图 7-38 所示，右侧区域介绍如图 7-39 所示。

图 7-38 Labelme 操作界面左侧按键的中文对照表

图 7-39 Labelme 操作界面右侧区域介绍

（4）当图片标注完成后选择保存为 JSON 文件，如图 7-40 所示。

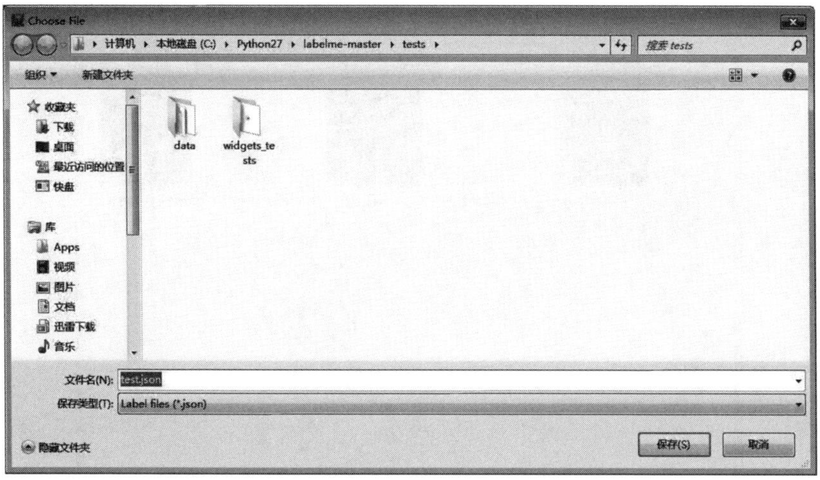

图 7-40　将标注完成图片保存为 JSON 文件

（5）在 JSON 文件所在文件夹内，按住键盘 Shift 键 + 鼠标右击文件夹空白处，选择"在此处打开命令窗口"选项，如图 7-41 所示，在命令窗口中输入 labelme_ json_to_dataset < 文件名 >.json。

图 7-41　执行 JSON 文件命令

（6）命令执行完成后得到 JSON 文件的文件夹，文件夹内容如图 7-42 所示。

图 7-42　JSON 文件夹内容

（7）JSON 文件与原文件对比如图 7-43 所示。

图 7-43　JSON 文件与原文件对比图

7.2　医疗影像标注

医疗影像标注主要应用于医疗影像的诊断，目前人工智能已经在多种疾病的诊断上取得了突破，但是仍然需要大量的精准标注数据进行机器学习，目前医疗影像最常见的数据标注就是针对单个独立细胞进行标框标注，需要使用标注工具 LabelImg。

（1）打开 LabelImg 标框标注工具，打开一张医疗影像图片文件，如图 7-44 所示。

图 7-44　LabelImg 标注工具打开医疗影像图片

（2）选择相对独立的细胞进行标框标注，如图 7-45 所示。

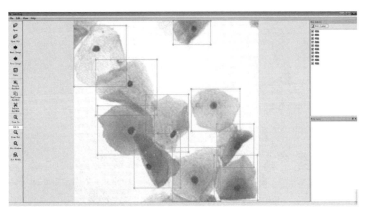

图 7-45　对独立细胞进行标框标注

（3）放大图片，检查标框是否与细胞边缘贴合，对不贴合的标框进行调整，如图 7-46 所示。

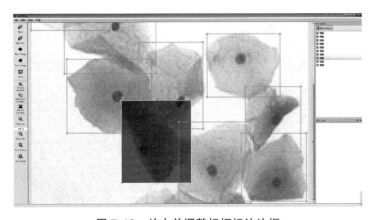

图 7-46　放大并调整标框标注边框

（4）保存完成标注的 XML 文件，完成医疗影像标框实战内容，如图 7-47 所示。

图 7-47　医疗影像标框标注实战结果

⚠7.3　遥感影像标注

遥感影像标注主要用来对土地性质的变化进行人工智能的监控，例如耕地变为住宅用地、沙漠变为林地等，在未来甚至可以用人工智能的方式监控冰川消融的速度。

遥感影像标注主要采用多边形区域标注并进行语义分割，需要使用标注工具 Labelme。

（1）打开 Labelme 多边形区域标注工具，并打开一张遥感影像图片文件，如图 7-48 所示。

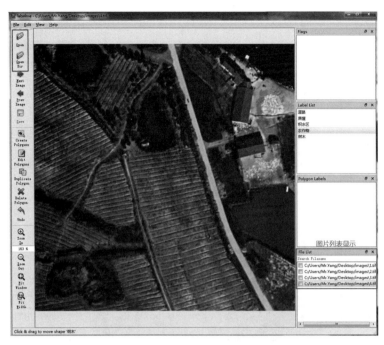

图 7-48　Labelme 标注工具打开遥感影像图片

（2）选择图像中不同土地性质的区域进行多边形区域标注，如图 7-49
所示。

图 7-49　对不同土地性质的区域进行多边形区域标注

（3）将标注文件保存为 JSON 文件，如图 7-50 所示。

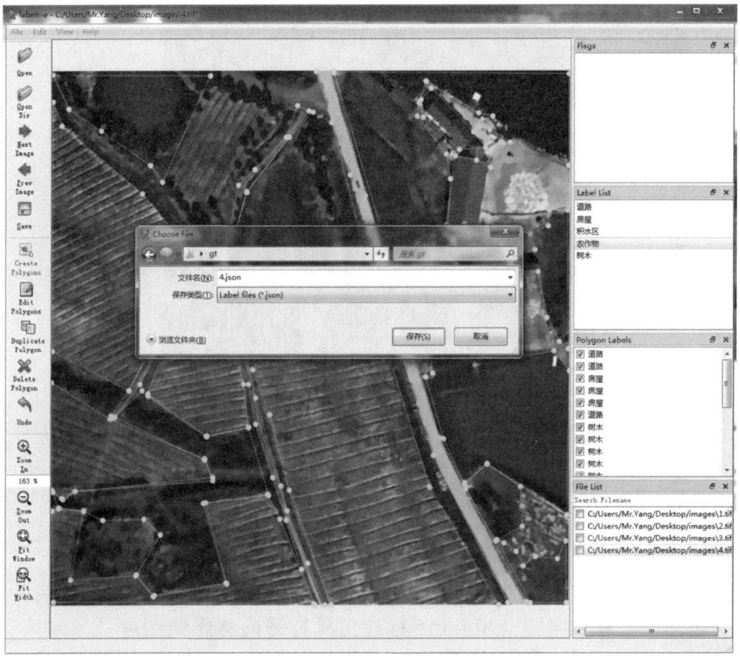

图 7-50 保存多边形区域标注文件

（4）进入 JSON 文件的目录，打开命令窗口，输入指令 labelme_json_to_dataset＜文件名＞.json，如图 7-51 所示。

图 7-51 执行 labelme_json_to_dataset 命令

（5）执行后会生成一个 JSON 文件夹，里面有 5 个文件，分别是 img.png、info.yaml、label.png、label_names.txt 和 label_viz.png，如图 7-52 所示。

img.png   info.yaml   label.png   label_names.txt   label_viz.png

图 7-52 JSON 文件夹内容

（6）至此，遥感影像的多边形区域标注实战内容完成，标注文件与原始图片的对比图如图 7-53 所示。

图 7-53 标注文件与原始图片的对比图

7.4 车牌图像标注

车牌图像标注目前应用于大量生活场景中，如停车场、道路监控等，都需要使用车牌图像标注数据进行机器学习。车牌图像标注使用了标框标注和分类标注，本节将分别对车牌图像的标框标注及分类标注进行介绍。

7.4.1 车牌图像标框标注

车牌图像标框标注是对原始车辆图像中的车牌位置进行标框标注，用于让机器准确识别出车牌。进行车牌位置标框标注需要使用标注工具LabelImg。

（1）打开 LabelImg 标框标注工具，并打开一张车牌图像文件，如图 7-54 所示。

图 7-54 用 LabelImg 标注工具打开车牌图像

（2）选择图像中的车牌进行标框标注，如图 7-55 所示。

（3）放大图片，检查标框是否与车牌边缘贴合，如图 7-56 所示，对不贴合的标框进行调整。

图 7-55　对车牌图像进行标框标注　　　图 7-56　对标框进行调整

（4）保存完成标注的 XML 文件，完成车牌图像的标框标注实战内容，如图 7-57 所示。

图 7-57　车牌图像标框标注实战结果

7.4.2　车牌图像分类标注

车牌图像分类标注是根据车牌字符信息标框标注分割出来的字符图

片进行分类汇总，通过将同样字符图片汇总成单一字符数据集供给机器学习。

（1）对车牌图像进行分类标注，需要使用 Adobe Photoshop 中的切片工具，在 Photoshop 中打开车牌图像图片，如图 7-58 所示。

图 7-58　在 Photoshop 中打开车牌图像图片

（2）选择切片工具对图像中的车牌字符进行图像分割，如图 7-59 所示。

图 7-59　使用切片工具对车牌字符进行分割

（3）使用 Photoshop 组合键 Ctrl+Shift+Alt+S 将分割好的图像存储为 Web 所用格式，如图 7-60 所示。

图 7-60　保存切片文件

（4）打开图像储存的文件夹，得到需要的字符图像，如图 7-61 所示。

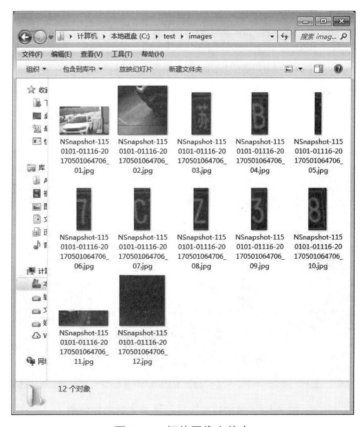

图 7-61　切片图像文件夹

（5）将字符图像放入对应的文件夹中，完成车牌图像的分类标注实战，完成实战的文件夹如图 7-62 所示，文件夹内容如图 7-63 所示。

图 7-62　字符文件夹

图 7-63　字符文件夹内容

7.5　人像数据标注

人像图片的数据标注主要分为两大类，一类是针对行人图像进行标框标注，还有一类是对人脸数据进行标框标注及难度更高的特征点描点标注，本节将分别对行人图像及人脸数据的相关标注进行介绍。

7.5.1　行人图像标注

行人图像标框标注除了可以进行简单的行人边框标注，还能够对性别、年龄段、穿着服饰等特征进行标注，进行行人图像标注需要使用标注工具LabelImg。

（1）打开 LabelImg 标框标注工具，并打开一张行人图像文件，如图 7-64 所示。

图 7-64　用 LabelImg 标注工具打开行人图像

（2）选择图像中的行人进行边框的标框标注，检查标框是否与行人边缘贴合，对不贴合的标框进行调整，如图 7-65 所示。

图 7-65　对行人进行标框标注

（3）复制行人标框，移到重叠位置，对此标框进行属性修改，将属性改为性别特征，如图 7-66 所示。

图 7-66　对行人标框进行性别标注

（4）再复制一遍行人标框，移到重叠位置，对此标框进行属性修改，将属性改为年龄段特征，如中年人、青年人、老人、儿童等，如图 7-67 所示。

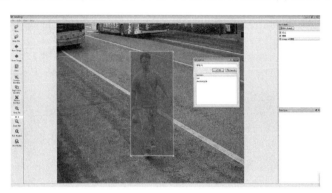

图 7-67　对行人标框进行年龄段标注

（5）对行人上半身服饰进行标框，定义属性为长袖、短袖等，如图 7-68 所示，放大图片检查标框是否与上半身服饰边缘贴合。

图 7-68　对行人上衣进行标框标注

（6）对行人下半身服饰进行标框，定义属性为长裤、短裤、长裙、短裙等，如图 7-69 所示，放大图片检查标框是否与下半身服饰边缘贴合。

图 7-69　对行人下装进行标框标注

（7）所有标框操作完毕后，保存完成标注的 XML 文件，完成行人图像标框标注的实战内容，如图 7-70 所示。

图 7-70　行人标框标注实战内容

7.5.2　人脸数据标注

人脸数据的标注主要分为人脸位置标框标注与特征点位描点标注，下面将对两种标注的实战内容进行介绍。

1．标框标注

人脸数据的标框标注主要用来训练机器学习识别人脸位置，进行人脸位置标框标注需要使用标注工具 LabelImg。

（1）打开 LabelImg 标框标注工具，并打开一张人脸图片，如图 7-71 所示。

图 7-71　用 LabelImg 标注工具打开人脸图像

（2）选择图像中的人脸进行标框标注，如图 7-72 所示。

图 7-72　对人脸图像进行标框标注

（3）放大图片，检查标框是否与人脸边缘贴合，如图 7-73 所示，对不贴合的标框进行调整。

图 7-73　调整人脸标框边缘

（4）保存完成标注的 XML 文件，完成人脸图像的标框标注实战内容，如图 7-74 所示。

图 7-74　人脸图像标框标注实战内容

2. 描点标注

人脸特征点描点标注主要应用于更深层次的人脸识别算法，随着人脸识别算法的不断精进，特征点位从最原始的 29 个点到后来的 68 个点，现在比较主流的人脸标注需要标注 186 个点，部分算法更是突破到了需要进行 270 个点的标注。这里我们将对比较主流的 186 个特征点位进行介绍。

人脸特征点 186 点位描点标注图总览如图 7-75 所示。

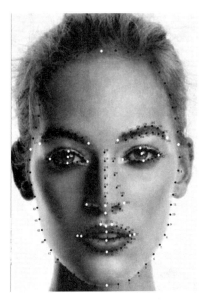

图 7-75　人脸特征点 186 点位描点标注图总览

其中 32 个基准点，已用白色圆点显示，154 个普通点，用黑色圆点表示，下面将对关键点进行介绍。

1）脸颊轮廓点

如图 7-75 所示，点 1 是下巴最底部位置，人脸轮廓的最低处，大致与嘴巴、鼻梁视觉中心保持在同一条直线上，即 1、60、83、91、73、102、114~120、27 保持在同一条直线上。

点 16 和点 38 是耳朵与脸部接触部分的最高点，即发际线开始的地方，两点呈垂直对称。

点 2~15 是点 1 和点 16 之间的等分点，点 39~52 是点 1 和点 38 之间的等分点。

2）发际线轮廓点

如图 7-75 所示，发际线轮廓点是发际线起始区域与额头皮肤的边界点，即点 16 与点 38。

　　点 27 是发际线的中心点，水平位置为视觉最高处，垂直位置为视觉中心处，一般与鼻梁中心点以及脸颊最低点（点 1）位于同一个垂直区域内。

　　点 17~ 26 是点 16 和点 27 之间的等分点，点 28~37 是点 27 和点 38 之间的等分点。

　　3）嘴唇

　　如图 7-76 所示，点 53 和点 67 为外嘴唇左右边界点。

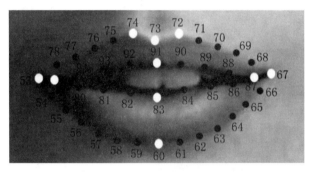

图 7-76　嘴唇特征点

　　点 73 和点 60 是外嘴唇上下轮廓视觉中心点，其中点 73 是人中位置与嘴唇交接的最低处，点 60 是下轮廓的中心处。

　　点 72 和点 74 是嘴唇轮廓上下起伏的局部极大值点，呈对称状，一般来说可以从嘴唇的轮廓转折处分辨。

　　点 79 和点 87 是内嘴唇的边界点，呈对称状。对于嘴张开的情况下，该点位置很明确，对于闭嘴的情况这两点位置需要预估判断。

　　点 83 和点 91 是内嘴唇上下轮廓视觉中心点。

　　其余标注点均为两个相邻基准点之间的等分点。

　　4）鼻子

　　如图 7-77 所示，点 95 和点 109 是鼻子的起始点，呈对称状。垂直大致位置位于眼睛内眼角垂直位置附

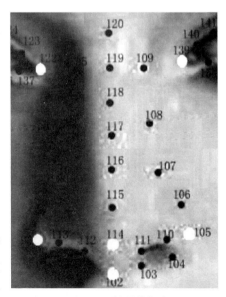

图 7-77　鼻子特征点

近，但因角度或者个人特征不同会存在一定差异。

点 99 和点 105 分别是鼻翼两边与脸部接触部分突出的转角点，呈对称状。

点 102 是鼻子下轮廓边缘中心最低点，点 100 与点 101 是点 99 和点 102 之间鼻孔下边缘的等分点，点 112 与点 113 是点 99 和点 102 之间鼻孔上边缘的等分点。同理，点 103 与点 104 是点 102 和点 105 之间鼻孔下边缘的等分点，点 110 与点 111 是点 102 和点 105 之间鼻孔上边缘的等分点。

点 114 是鼻尖最高点，点 120 是鼻梁起始点，115~119 是点 114 与点 120 之间的等分点。

5）眼睛

对眼睛特征点的介绍将以左眼为例，右眼同理。

如图 7-78 所示，点 121 是眼睛瞳孔位置的几何中心点，即黑眼珠的中心点

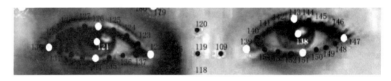

图 7-78　眼睛特征点

点 122 和点 130 分别是内外眼角边界点。

点 126 和点 134 是眼睛上下边界的视觉中心点，并不是几何中心，假设人脸朝向偏右，则这两点就会向右发生偏移，相对朝向的分布点就会很密集。

其余标注点为眼睛上下边界两个相邻基准点之间的等分点。

6）眉毛

对眉毛特征点的介绍将以左侧眉毛为例，右侧眉毛同理。

如图 7-79 所示，点 171 和点 179 是眉毛左侧起始点和右侧消失点，其余标注点均为眉毛上下轮廓的等分点。

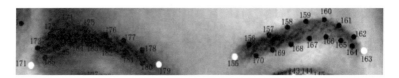

图 7-79　眉毛特征点

7.6 作业与练习

1. 熟练掌握标注工具 LabelImg，使用车辆图片、医疗影像图片、行人图片进行标框标注及分类标注练习。

2. 熟练掌握标注工具 Labelme，使用遥感影像数据进行多边形区域标注及分类标注练习。

3. 熟练掌握人脸 186 点特征点位要求，动手画出人脸 32 个基准点点位。

参考文献

［1］刘鹏. 深度学习［M］. 北京：电子工业出版社，2017.

［2］https://github.com/tzutalin/labelImg

［3］https://github.com/wkentaro/labelme

［4］https://www.91360.com/201611/60/30170.html

［5］https://blog.csdn.net/jesse_mx/article/details/53606897

［6］https://shimo.im/docs/h7HMCY77XHguXNQf/

［7］https://blog.csdn.net/xunan003/article/details/78720189

［8］https://blog.csdn.net/haiyiheng/article/details/79093385

［9］https://blog.csdn.net/huang2818138/article/details/78323494

［10］https://ask.julyedu.com/question/7490

［11］https://blog.csdn.net/lcbwlx/article/details/21740977

［12］https://blog.csdn.net/wc781708249/article/details/79595174

附录 大数据实验平台 （数据标注版）

数据标注属于人工智能行业中的基础性工作，需要大量数据标注员从事相关部分的工作以满足人工智能训练数据的需求。在未来 AI 发展越来越好的前提下，数据的缺口一定是巨大的，对数据标注员的需求会一直存在，未来数据标注会成为人工智能行业中一个非常重要的工作，对操作人员的较高要求也会使从事数据标注的人员出现供不应求的现象。然而，数据标注课程教学与实验受条件所限，仍然面临未建立起实验教学体系、无法让学生并行开展实验、缺乏支撑实验的大数据、缺乏能够指导学生开展实验的师资力量等问题，制约了数据标注教学科研的开展。如今这些问题已经得到较好解决，在刘鹏教授的带领下，云创大数据推出了大数据实验平台（数据标注版），用来构建数据标注实验教学环境，使得大量学生可同时进行数据标注实验。

1. 简介

大数据实验平台（数据标注版）可为用户提供在线实验服务。在大数据实验平台上，用户可以根据学习基础以及时间条件，灵活安排 3~90 天的学习计划，进行自主学习。大数据实验平台（数据标注版）界面如图附-1 所示。

作为一站式的大数据综合实训平台，大数据实验平台（数

图附-1 大数据实验平台（数据标注版）界面

据标注版）同步提供实验环境、实验课程、教学视频等，方便轻松开展数据标注教学与实验。

2．实验体系

当前大多数高校普遍缺乏实验基础，对数据标注实验的内容、流程等并不熟悉，经验不足。因此，高校需要一整套软硬件一体化方案，集实验机器、实验手册、实验数据以及实验培训于一体，解决如何开设数据标注实验课程、需要做什么实验、怎么完成实验等一系列根本问题。针对上述问题，大数据实验平台（数据标注版）给出了完整的数据标注体系及配套资源，包含课程教材、教学 PPT、实验手册、课程视频、实验环境、师资培训等内容，涵盖面较为广泛，下面将着重介绍部分最为主要的内容。

1）实验手册

针对各项实验所需，大数据实验平台（数据标注版）配套了一系列包括实验目的、实验内容、实验步骤的实验手册及配套高清视频课程，内容涵盖大数据集群环境与大数据核心组件等技术前沿，详尽细致的实验操作流程可帮助用户解决数据标注实验门槛所限。具体实验手册大纲如下。

（一）数据标注类

实验一　人脸分类标注

根据要求进行人脸图像选择，对人脸进行分类筛选，区分男性、女性、佩戴饰物等。

实验二　人脸标框标注

使用 labelimg 工具，对不同角度人脸进行标框标注。

实验三　人脸描点标注

使用 labelme 工具，对人脸进行 29 点人脸标注与 68 点人脸标注。

实验四　行人标框标注

使用 labelimg 工具，对来往行人进行标框标注。

实验五　道路标志标线区域标注

使用 labelme 工具，对道路标志标线进行区域标注。

实验六　车牌标框标注

使用 labelimg 工具，对车牌蓝色区域进行标框标注。

实验七　车辆多边形标注

使用 labelme 工具，对车辆外框进行多边形标注。

实验八　物品分类标注

根据要求进行人脸图像选择，对人脸进行分类筛选，区分不同物品。

实验九　细胞分类标注

根据要求进行人脸图像选择，对人脸进行分类筛选，区分单细胞、多细胞等情况。

实验十　细胞标框标注

使用 labelimg 工具，对不同状态的细胞进行标框标注。

实验十一　细胞多边形标注

使用 labelme 工具，对细胞边缘进行多边形标注。

实验十二　遥感影像区域标注

使用 labelme 工具，对遥感影像不同土地性质的区域进行标注。

实验十三　医疗影像区域标注

使用 labelme 工具，对医疗影像不同区域进行标注。

（二）数据清洗类

实验一　kettle 从文本文件抽取数据到数据库

熟悉 kettle 软件，并使用 kettle 从文本文件抽取数据到数据库。

实验二　CSV 文件数据抽取到数据库

针对 CSV 文件数据的特性，全量抽取到 MySql 数据库。

实验三　excel 文件导入数据库

针对大众化的 excel 文件，全量抽取到 MySql 数据库。

实验四　json 文件和 xml 文件的抽取

json 文件和 xml 文件等网络数据格式抽取到 MySql 数据库。

实验五　MySQL 数据迁移 MongoDB

关系型数据库与非关系型数据库的转化。

实验六　住房数据清洗

针对网上扒取的杂乱数据进行清洗，剔除"脏"数据，保留对业务有用的数据。

实验七　银华基金数据清洗实例

互联网在线抽取基金数据，转换清洗数据。

实验八　数据库增量数据抽取

基于数据库的全量数据抽取，基于时间戳的增量数据抽取。

实验九　客户签到数据的清洗转换

针对签到数据进行"脏"数据清洗，保留正确签到数据。

实验十　基于触发器的数据增删改的增量更新

基于数据库触发器，对数据库的数据进行增删改操作，进行数据同步。

实验十一　　数据脱敏实例

对敏感数据进行脱敏，保护敏感数据，采用可恢复脱敏和非恢复脱敏。

（三）大数据运维类

实验一　Shell 运维实践：（用户管理）

熟悉 Linux 系统中单个用户及用户组的批量创建删除，实现用户的口令管理。

实验二　Shell 运维实践：（服务器安全）

掌握 Linux 系统日志相关知识，分辨出服务器受到黑客暴力攻击的 IP 并将其拉黑，完成抵御攻击工作。

实验三　Shell 基础：（主机信息检测）

使用脚本编写主机系统、磁盘情况、端口内核、开机时间信息的检测，并进行系统维护。

实验四　Shell 基础：（流程控制）

掌握脚本解释器，使用 shell 编程语言完成对程序流程控制例子的编写。

实验五　Linux 基础：正则表达式

使用 linux 下的正则表达式，利用正则表达式判断主机服务器网络状态。

实验六　Linux 基础：常用基本命令

熟悉 linux 常用命令 (cd,ls,pwd,mkdir,rm,cp,mv) 的使用方法。

实验七　Linux 基础：文件操作

掌握 linux 文件操作命令的基本用法，学会命令 (touch,cat,more) 的使用方法。

实验八　Linux 基础：sed

熟练使用 sed 指令，利用 sed 自动编辑一个或多个文件，简化对文件的反复操作。

实验九　Linux 基础：awk

熟练使用 awk 处理文本文件，以行为单位，高效地对日志文件进行处理。

实验十　Linux 基础：文本编辑器 vi

掌握在 vi 编辑器三种不同模式下的基本操作，便于使用 vi 编辑器编写脚本。

2）实验数据

基于数据标注实验需求，配套提供的还有各种实验数据，其中不仅包含共用的公有数据，每一套组件也有自己的实验数据，种类丰富，应用性强。实验数据将做打包处理，不同的实验将搭配不同的数据与实验工具，解决实验数据短缺的困扰，在实验环境与实验手册的基础上，做到有设备就能实验，有数据就会实验。

3）配套资料与培训服务

作为一套完整的数据标注实验平台，大数据实验平台（数据标注版）还将提供以下材料与配套培训，构建高效的一站式教学服务体系。

（1）配套的专业书籍：《数据标注工程》及其配套 PPT。

（2）网站资源：国内专业领域排名第一的网站大数据世界（thebigdata.cn）、云计算世界（chinacloud.cn）、存储世界（chinastor.org）、物联网世界（netofthings.cn）、智慧城市世界（smartcitychina.cn）等提供全线支持。

（3）大数据实验平台（数据标注版）使用培训和现场服务。

3．实验环境

（1）基于 Docker 容器技术，用户可以瞬间创建随时运行的实验环境。

（2）平台能够虚拟出大量实验集群，方便上百用户同时使用。

（3）采用 Kubernates 容器编排架构管理集群，用户实验集群隔离、互不干扰。

（4）用户可按需自己配置包含 Hadoop、HBase、Hive、Spark、Storm 等组件的集群，或利用平台提供的一键搭建集群功能快速搭建。

（5）平台内置数据挖掘等教学实验数据，也可导入高校各学科数据进行教学、科研，校外培训机构同样适用。

大数据实验平台（数据标注版）具有经济型、标准型与增强型三种规格，通过发挥实验设备、理论教材、实验手册等资源的合力，可满足数据标注、存储、挖掘、管理、计算等多样化的教学科研需求。具体的规格参数表如表附 -1 所示。

表附 -1　规格参数表

配套 / 型号	经济型	标准型	增强型
管理节点	1 台	3 台	3 台
处理节点	6 台	8 台	15 台
上机人数	30 人	60 人	150 人
理论教材	《数据标注工程》50 本	《数据标注工程》80 本	《数据标注工程》180 本
实验教材	《实战手册》PDF 版	《实战手册》PDF 版	《实战手册》PDF 版
配套 PPT	有	有	有
配套视频	有	有	有
免费培训	提供现场实施及 3 天技术培训服务	提供现场实施及 5 天技术培训服务	提供现场实施及 7 天技术培训服务

4．成功案例

目前，苏州大学、郑州大学、成都理工大学、西北工业大学、重庆师范大学、西南大学、金陵科技学院、重庆文理学院、天津农学院、信阳师范学院、西京学院、郑州升达经贸管理学院、镇江高等职业技术学校、新疆电信、软通动力等典型用户单位已经成功应用云创大数据提供的大数据实验平台，完成了大数据教学科研实验室的建设工作，如图附 -2 所示。

成功案例

图附 -2　成功案例